지금부터 천천히 채식 연습을
시작해볼까요?

레시피팩토리는 행복 레시피를
만드는 감성 공작소입니다.
레시피팩토리는 모호함으로 가득한
세상 속에서 당신의 작은 행복을 위한
간결한 레시피가 되겠습니다.

채 식 연 습

천천히 즐기면서 채식과 친해지기

채식으로의 여행,
그 멋진 출발을 위해

나는 요리사가 아니다. 식물성 한약재로만 한약을 처방하는
한방 채식 한약국을 15년째 운영하고 있는 한약사이자
채식 운동가이다.

언뜻 보면 주방과 거리가 먼 하루를 살아가지만, 무엇보다
나는 요리하는 것을 즐기고 좋아한다. 고단한 하루 일과를
마치고 나서, 또는 숨쉬기도 어려울 만큼 빡빡한 일거리에
치이는 오후에, 몸과 마음이 다 늘어지는 주말이면
요리를 하는 것이 나에게 쉼이고 위안이기 때문이다.
내 요리를 누군가가 맛있게 먹는 모습을 보는 것은 정말로
인생의 깊은 행복과 위안을 준다.

내가 17년 전 처음 채식을 시작하게 된 동기는
그저 마음을 좀 평안하게 가라앉혀보고 싶다는 이유에서였다.
서른 후반의 나이. 괜스레 마음이 늘 불안했던 그 시절,
지인은 내게 채식을 권했다. 처음에는 그냥 몇 주만 해보다가
관둘 생각이었다. 그런데 생각보다 채식은 어렵지 않았다.

고기에 대한 갈망이 아주 큰 편은 아니었기 때문에
평소 먹던 음식에서 고기를 빼거나, 주말 특별식으로 먹던
피자나 햄버거, 삼겹살 정도는 어렵지 않게 포기할 수 있었다.
그 덕분인지 무엇보다도 복잡하고 불안했던 마음이 점점
차분해지고 있었다.

계획했던 몇 주가 지나자 정신적으로도, 육체적으로도 가볍고
건강해지고 있음을 느꼈다. 채식을 조금 더 적극적으로
해보고 싶은 마음이 들었다. 그리고 백일쯤 지나서 뜬금없이
내 속에서 메시지가 들려왔다. '채식 한약국을 열면 어떨까?'
녹용, 사향, 웅담 같은 동물성 약재 대신 채식 식단을 권하면서
식물성 약재로만 처방하는 한약국을 열어보자는 것이었다.

문득 떠오른 이 생각이 내 인생을 바꿔버렸다. 나는 채식인이 되었고, 한방 채식 한약국을 열었다. 또한 전 세계적인 환경 운동으로 자리매김한 '고기없는월요일(Meat Free Monday)'을 국내에서 시작했다. 일주일에 하루 채식을 권하는 이 활동을 하면서 나는 여러 나라를 다니며 먹거리 관련 강연을 하고 전문가들과 네트워킹을 하는 새로운 삶을 살게 되었다.

전 세계의 유명한 채식 레스토랑을 방문하거나 주요 행사에서 다양한 채식 요리들을 접할 수 있는 소중한 기회들이 주어졌다. 그런데 그들의 채식 요리는 고기가 빠진 풀떼기 밥상이 아니었다. 정말 다양하고 멋졌다. 마치 채식의 대륙을 탐험하는 여행가가 된 것처럼 새로운 문화적 충격이었다.

'와! 세상에 이런 채식 요리도 있구나!', '이렇게 조리하는 방법도 있다니!', '이런 매력적인 맛도 있었네!' 점점 더 흥미진진해지는 스펙터클 무비 같은 채식의 세계를 알아갈수록 단순히 고기를 먹지 말자고 할 게 아니라, 이렇게 맛있고 아름답고 건강한 채식 요리를 많은 이들에게 알리고 싶다는 열망이 가득하게 되었다.

한 걸음 나아가 음식을 통해 병을 치유하는 다양한 공부들을 깊이 있게 접해보고 싶었다. 그래서 인도 전통의학인 아유르베다의 식이요법과 일본의 니시의학, 영국 자연학교의 섭생이론, 하와이 자연학교의 야생의 지혜 워크숍, 콜린 캠벨 박사의 자연식물식(Whole Food Plant Based Diet)을 공부하며 영양학적 체계를 보완했다. 또한 하버드의대에서 열린 생활습관의학(Lifestyle Medicine) 프로그램과 요리의학 셰프코칭 프로그램(Culinary Medicine Chef Coaching Program)에 참여해 전문가들과 소통하면서 음식을 통한 치유 방법론을 정립할 수 있었다.

그간의 경험과 공부를 토대로 나는 이 책을 통해 **영양의 균형이 잡힌 채식 식단을 보다 더 안전하고 맛있게, 또 다양하고 멋지게 즐기는 방법을 제안하고 싶었다.**

그래서 고기가 빠진 결핍된 식단이 아닌 채식 본연의 즐거움을 전달하고 시각적으로는 보다 아름답게, 미각적으로는 신선하고 새로운 경험을 줄 수 있도록 메뉴를 구성하였다.

우리는 요즘 코로나19로 인해 아무도 예상하지 못한 상황 속에 살고 있다. 전문가들은 앞으로도 2~3년 주기로 신종 전염병들이 생겨날 것이라고 예견한다. 이제까지 광범위하게 발병했던 전염병들은 야생동물로부터 기인한 병원균이 원인이었다. 인류가 동물을 존중해야 할 자연이나 친구로 대하는 대신 먹거리로, 약재로, 놀잇감으로, 패션의 소재로 대하는 한 더욱 심각한 상황이 찾아올 수 있다. 사회적 거리두기를 하는 동안 세계 곳곳의 대도시에는 야생동물들이 활보하였고, 차량이 줄어든 거리는 그 어느 때보다 맑은 하늘을 선보였다. 자연은 깊은 심호흡을 통해 잃어버린 균형을 되찾고 있는 것이다.

생각해보면 우리의 혈관과 세포들도 비움과 휴식이 필요하다. 처음에는 결핍처럼 느껴지겠지만, 차츰 야생동물들이 나타나듯 우리의 타고난 면역체계들이 재생되고, 인간 본연의 행복이 꿈틀대기 시작할 것이다. 만약 서둘러 변화하지 않으면, 몸은 어떠한 병이나 증상을 통해 강제적인 휴식을 요청할 것이다. 우리의 몸은 자연이기 때문이다.

부디 많은 분들이 채식을 통해 비움과 휴식의 고요한 축복을 경험해보길 바란다. 그리고 1년 넘게 준비한 이 책이, 또 레시피들이 조금이라도 도움을 드릴 수 있었으면 한다.

이 작업을 제안한 레시피팩토리 팀과 고단한 일정을 뒷바라지한 이은자·홍보선·김정아 선생님에게 지면을 빌어 고마움을 전하고 싶다. 마지막으로 책이 나오기까지 기다려준 모든 분들에게도 감사의 말씀을 드린다.

———————— **저자 이현주**

CONTENTS

★ 아래 세 가지에 해당되는 메뉴들에 표기를 해두었으니 참고하세요.

GF **Gluten Free** 밀가루가 들어가지 않아 속 편하고 알레르기 걱정 없는 글루텐 프리 메뉴
NF **Nuts Free** 견과류를 사용하지 않거나, 소량만 사용해 생략이 가능한 넛츠 프리 메뉴
RF **Raw Food** 불 조리를 하지 않아 비타민과 효소 등이 생생하게 살아있는 로푸드 메뉴

이 책의 모든 레시피는요!

☑ **표준화된 계량도구를 사용했습니다.**

- 1컵은 200㎖, 1큰술은 15㎖,
  1작은술은 5㎖ 기준입니다.
- 계량도구 계량 시 윗면을 평평하게
  깎아 계량해야 정확합니다.
- 밥숟가락은 보통 12~13㎖ 로
  계량스푼(큰술)보다 작으니 감안해서
  조금 더 넉넉히 담아야 합니다.

☑ **대부분 1~2인분 분량입니다.**

- 분량을 2배로 늘릴 때는 재료는 2배로 늘리고 양념이나
  소스는 2배를 준비하되 90% 정도만 넣어 맛을 본 후
  나머지 10%를 가감하세요. 다 넣으면 짤 수 있습니다.
- 국물 요리의 경우, 물은 1.7~1.8배 정도만 늘려
  요리하다가 너무 되직하면 물을 조금씩 추가하세요.
  비율대로 늘리면 물이 너무 많을 수 있습니다.
- 불세기는 그대로 맞추되, 조리시간은 상태를 보며
  조절하세요.

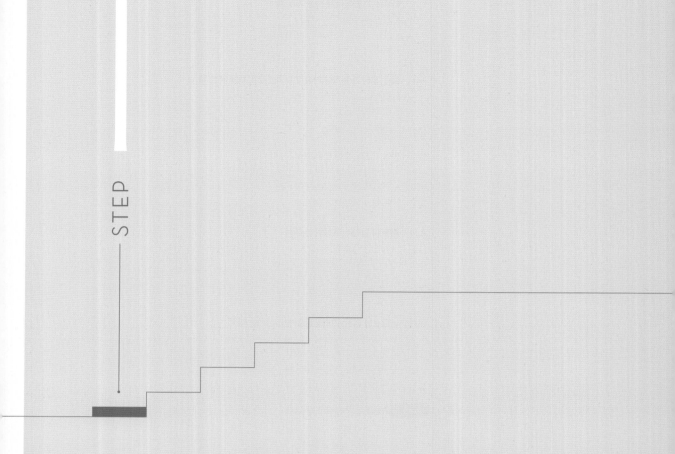

1

STEP

채식 연습 첫 단계

내 밥상 돌아보기

채식을 바라보는 시선이 사뭇 달라지고 있다. 이전에는 신체적인 건강이나 종교적인 이유로 선택했다면, 이제는 라이프스타일을 보다 건강하고 의미있게 만들기 위해 채식을 시작하는 이들이 늘고 있다. 삶의 무대에서 진정한 주인공이 되기 위해 애정을 갖고 스스로를 돌보려고 채식을 하는 것이다. 그러니 시작하기에 앞서 나 자신부터 정확히 알아야 한다. 현재 내 몸과 마음의 상태는 어떤지, 지금 나의 식생활과 식습관은 어떤지. 채식 연습의 첫 단계인 '내 밥상 돌아보기' 편에서는 태어나서 지금까지 내 몸에 들어온 음식과 음식에 대한 감정들을 살펴보고, 나의 푸드 라이프스타일이 어떻게 흘러가는지 점검하는 시간을 가질 것이다. 나도 몰랐던 진짜 내 모습을 찾아 출발해보자.

지금까지 내 몸에 들어온 음식들

우리는 자신의 몸에 대해 얼마나 알고 있을까? 몸은 살아온 날들의 지도와 같다. 삶의 곡절이 고스란히 몸에
스며들어 있기 때문이다. 몸을 자세히 들여다보면 자라온 환경, 인간관계, 성격, 체질 그리고 삶에 대해 느끼는
감정까지 읽을 수 있다. 지금까지 내 몸과 소통을 시도한 적이 없다면 이제라도 시작하자. 몸과의 대화는
상상 이상으로 나 자신에 대해 많은 것을 알게 해준다.

1 음식을 통해 맺어온 관계

음식은 삶의 스토리텔링 그 자체이다. 우리가 맺게 되는 많은 관계들은 음식과 더불어 시작되고
끝난다 해도 과언이 아니다. 그런 의미에서 채식은 지금까지 이어온 관계의 일시적 단절이다.
하지만 새로운 관계의 시작이기도 하다. 태어나서 지금까지 먹어온 음식들로 자신의 역사를 정리해보자.

• 내가 기억하는 내 인생의 첫 음식은 무엇이었나?
• 누구와 어떤 상황에서 먹었는가?
• 초등학교 때 먹었던 음식 중 가장 기억에 남는 음식은 무엇인가?
• 과식 또는 편식으로 인해 부모님에게 야단을 맞은 적이 있는가?
• 살을 빼야 한다는 생각을 한 적이 있나? 언제부터인가?
• 몸이 가볍게 느껴지고, 기분이 좋아졌던 음식은 무엇인가?
• 지금 내가 가장 좋아하는 음식은 무엇인가?

이 외에도 음식에 관해 수십 가지도 넘는 질문을 내게 던질 수 있다.
음식과 나, 음식과 친구, 음식과 가족, 음식과 건강… 그러다 보면 이 말의 뜻이 정말로 와닿을 것이다.
'내가 먹는 것이 곧 나 자신이다(I am what I eat)!'

☑ CHECK IT
지금껏 내가 먹었던 음식들에 대한 질문을 5~10가지 정도 만들어보자.
하나씩 답변을 해보며 나의 푸드 히스토리를 돌아보자.

2 —— 같은 재료도 가정마다 다른 조리법

콩나물국도 집집마다 맛이 다르다. 다시마국물을 내는 집이 있는가 하면 멸치육수로 맛을 내는 집이 있고,
고춧가루를 얼큰하게 풀거나 그대로 말갛게 끓이는 집이 있다. 가정마다 엄마의 손맛은 친정과 시댁에서
두루 전수받은 것이다. 특히 제사를 지내거나 가족모임이 잦은 집이라면, 고유의 음식 스타일이 정착되어 있기
마련이다. 가정마다 다른 조리법은 가족들의 병력과도 연관이 있다. 간이 짜고 매운 음식을 먹고 자란 사람들은
성인이 되어서도 간이 짜야 맛있다고 느끼기 쉽다. 그래서 고혈압이나 위장질환에 걸리는 사례가 많다.
튀김류나 고기, 생선류를 자주 먹는 집은 대개 비만한 가족들이 많다.
나의 건강 상태는 현재 즐겨 먹는 음식뿐 아니라 자라면서 먹어온 음식들의 간, 조리법, 식사 패턴으로부터
차곡차곡 쌓인 블록과도 같다. 입맛이 하루아침에 바뀌지 않을뿐더러 자신도 모르게 손이 더 가는 음식들은
어린 시절부터 형성된 취향이니 말이다.

☑ CHECK IT
우리 집 밥상에 대해 생각해보자. 어떤 재료(고기, 생선, 해산물, 채소, 가공품 등)를 많이 사용하는가?
맛은 어떠한가? 너무 짜거나 달거나 기름지지는 않은가?

3 —— 친구 따라 달라지는 입맛

어떤 친구를 사귀는가도 나의 식생활과 건강에 영향을 미친다. 나의 대학 동기들은 주로 술과 안주가
맛있는 식당을 모임 장소로 정한다. 그러다 보니 모임 날은 고칼로리의 술과 안주를 먹는 날이 된다.
이 모임을 매주 한 번, 또는 한 달에 두 번 이상 갖는다면 분명 10년 후에는 비만한 사람이 되어있을 것이다.
친구를 멀리하라는 것이 아니다. 다만 자주 만나는 친구들이라면 서로의 건강을 위해 새로운 패턴의 모임을
가질 필요가 있다. 만날 때마다 주제를 정해서 모임 장소를 결정하는 건 어떨까?
그리고 그 주제가 '지속 가능한 건강한 생활방식'이라면 더없이 좋겠다.

☑ CHECK IT
어떤 친구들을 얼마나 자주 만나는가? 주로 무엇을 먹고 마시는가?
그 시간들이 나에게는 어떠한 의미인가?

4 ──── 급식을 통해 형성된 식습관

나는 학창 시절에 도시락을 싸서 다녔다. 고등학교 때는 점심과 저녁, 두 개의 도시락을 챙겨 다녔으니
하루 종일 엄마 밥을 먹은 셈이다. 요즘 학생들은 주 중에는 학교 급식과 편의점 도시락, 삼각김밥, 컵라면을,
주말에는 피자, 햄버거, 치킨 등을 즐겨 먹는다. 엄마가 해주는 집밥은 자극적인 메뉴에 길들여진 아이들의
입맛을 만족시키지 못해 밀려나기도 한다. 급식과 외식으로 크는 아이들의 정서도 점점 자극적인 것을
추구하게 되는 건 아닐까?

공교육에서 지향하는 영양학 이론은 대부분 동물성 단백질을 강조한다. 골고루 먹어야 한다는 말은
고기와 채소를 같이 먹어야 한다는 말로 통한다. 그러나 실제로 동물성 단백질은 동물성 지방과 함께
몸에 흡수되므로 많이 먹을수록 살이 찌게 된다. 책상에 앉아 공부만 하는 학생들에게 동물성 단백질의
과잉 섭취는 성인에게 나타나는 질병을 고스란히 옮겨 놓았다. 교육부가 발표한 '2017년도 학생 건강검사
표본 통계' 분석에 의하면 우리나라 비만학생 비율은 17.3%로, 10년 전인 2008년 11.2%에서
거의 매년 증가했다. 특히 고도비만이 처음으로 2.0%에 도달했다. 고도비만 소아·청소년들은 각종 성인병으로
이어질 수 있는 '대사증후군' 위험이 정상 체중인 아이들보다 최대 66배나 높다.

보통 급식에서 식단은 육류를 중심으로 편성되는데, 붉은 육류는 세계보건기구(WHO)에서 제2급 발암물질로,
햄과 소시지는 제1급 발암물질로 분류한 바 있다. 세계보건기구와 유엔식량농업기구(FAO)는
심장질환, 암, 당뇨병, 비만 예방을 위해 하루 최소 400g 이상의 채소와 과일의 섭취를 권고하지만
실제로 학생들은 채소 반찬은 남기고 육류 반찬 위주로 식사를 한다. 학생들에게는 단순히
맛있는 것을 선택하는 문제이지만, 그 피해는 생각보다 심각하다. 학생들은 자신의 몸속에 들어가는
먹거리에 대해 알 권리가 있으며, 학교에서는 이를 교육할 의무가 있다.

글로벌 트렌드로 떠오른 채식 급식

전 세계적으로 채식 급식이 뜨거운 감자로 급부상했다. 미국 뉴욕의 공립학교 1,800여 곳에서는 '고기없는월요일'을 시행,
매주 월요일마다 급식에서 고기 메뉴를 없애 청소년의 비만과 환경 문제를 동시에 해결하겠다는 의지를 드러냈다.
프랑스 역시 '먹는 일도 교육'이라는 신념 하에 2018년 말부터 유치원 및 초·중·고등학교에서 주 1회 채식 급식을 시행하고 있고,
스웨덴 국립교육위원회는 2019년부터 전체 학교의 주 1회 채식 급식을 공식 선언했다. 포르투갈 정부는 모든 공공급식에서
채식 옵션을 추가할 것을 법안으로 통과시켰다. 예일대학교에서는 전체 급식의 80%를 채식으로 제공하고 있으며 하버드대학,
옥스퍼드대학, 청화대학, 북경대학, 존스홉킨스대학 등에서도 채식 급식 활동이 전개되고 있다.

국내에서는 스웨덴의 중학생이자 환경운동가 '그레타 툰베리'의 영향으로 간디학교, 홍성풀무고등학교, 강화산마을고등학교 등
대안학교 학생들을 비롯해 의식 있는 청소년들이 기후변화, 채식, 동물권리 등의 이슈로 활발한 활동을 전개하는 추세이다.
서울시 교육청은 올해부터 '채식 선택권'을 도입하여 채식을 원하는 학생들이 채식을 선택할 수 있도록 시범학교를 운영한다.

주 1회 채식으로 무엇이 바뀔까 의구심을 갖는 사람들도 많지만, 1년 1,095끼니 중 단 52끼니의 주 1회 채식 급식만으로도
놀라운 효과를 가져올 수 있다. 숲이 살아나고, 물과 전기를 아끼게 되며, 동물들에 대한 살생을 줄일 수 있다. 가장 중요한 효과는
학생들의 비만율이 낮아지고, 자신의 몸과 지구 환경의 지속 가능성에 관심을 갖게 된다는 점이다. 참고로 일주일에 하루 채식을
하면, 1년에 1인당 30년산 소나무를 15그루 심는 효과가 있다. (한국 기준, 존스홉킨스대학 연구 결과)

내 밥상 돌아보기 2

음식에 대한 나의 감정들

음식과 감정은 밀접한 관계를 지닌다. 스트레스를 받거나 화가 날 때 자극적인 음식을 먹으며 기분을 달랜 경험이 누구에게나 있을 것이다. 외롭고 힘들 때는 좋아하는 음식을 먹으며 위안을 얻기도 한다. 물론 기쁘고 행복한 순간에도 음식은 빠질 수 없다. 축하를 하거나 기쁨을 나누는 자리에서 맛있는 음식을 나눠 먹는 행위는 동서양을 막론하고 아주 오래된 문화이다. 다시 나에게 물어보자. 내가 가장 행복한 순간에 먹었던 음식은 무엇인가?

1 ─── 내가 가장 좋아하는 그 음식

내가 제일 좋아하는 음식은 무엇인가? 생각만 해도 침이 고이고 기분이 좋아지는 그 음식을
나는 얼마나 자주 먹는가? 만약 다이어트를 한다면 중요한 포인트 중 하나는 좋아하는 음식을
포기하지 않는 것이다. 하지만 고칼로리, 고지방 음식이라면 어떻게 해야 할까?
먼저 내가 그 음식을 좋아하는 이유를 생각해보자. 어떤 맛 때문에, 특정한 식재료 때문에,
또는 음식에 담긴 추억 때문에… 다양한 이유가 있을 것이다. 이를 염두에 두고 건강하게 즐길 수 있는
레시피를 찾아보자. 가령 버터와 설탕이 잔뜩 들어간 치즈케이크를 좋아한다면
나는 버터와 설탕, 치즈의 고소한 풍미에 탐닉하고 있는 것이다.
건강을 위해 이 맛을 굳이 포기할 필요는 없다. 먹는 횟수를 줄이고, 이 맛을 대체할 수 있는 건강한 음식을
찾으면 된다. 블랙 올리브가 들어간 치아바타나 과카몰리를 얹은 통밀빵의 고소함과 풍미는 어떤가?
내가 좋아하는 취향과 맛에 대한 탐색은 생각보다 재밌고 보람된 과정이다.

☑ CHECK IT
내가 가장 좋아하는, 그래서 결코 포기할 수 없는 음식과 그 이유를 적어보자.
혹 그 음식이 건강하지 않은 면이 있다면, 그 맛과 가장 유사한 좀 더 건강한 음식은 무엇일지 고민해보자.

2 ─── 내 인생에서 제일 행복했던 음식의 추억

'당신의 인생에서 가장 행복하게 기억되는 음식은 무엇인가요?'
이 질문을 했을 때 많은 사람들의 대답은 의외로 아주 평범했다. 겨울철 꽁꽁 언 땅속에서 막 꺼내온 섞박지,
온 가족이 도란도란 둘러앉아 먹었던 삶은 옥수수, 방과 후 집에 돌아와 맛 본 할머니의 김치전…
주로 어린 시절 가족과 함께 먹었던 일상적인 음식이었다.
내가 강의에서 이 질문을 했을 때 가장 인상 깊었던 답변은 나이가 지긋한 참가자의 '꿀꿀이죽' 이었다.
9남매가 둘러앉아 먹었던 꿀꿀이죽. 형편이 넉넉지 않았던 시절, 미군부대에서 나오는 자투리 고기를
넣어 양을 부풀린 끼니를 때우기 위한 음식. 때로는 지겨워서 먹고 싶지 않았던 적도 있었지만
지금은 그 맛이 너무 그립다는 대답이었다. 더욱 재미있는 점은 근처의 시장에 꿀꿀이죽을 옛날 맛 그대로
재현한 식당이 있는데, 늘 대기 줄이 있을 만큼 손님이 붐빈다는 것이다. 그 시절, 그 음식을 그리워하는 이가
그토록 많다는 걸 보여준다.
우리를 행복하게 해주었던 음식은 럭셔리한 레스토랑이나 유명 셰프의 요리가 아니다. 내 마음을 따뜻하고
안정되게 해주는 음식이다. 다시 물어보자. 나에게 가장 안정감을 주는 음식은 무엇인가?

☑ CHECK IT
어려서부터 지금까지 즐겨 먹었던 음식 중 나에게 가장 편안하게, 또 행복하게 기억되는
음식(컴포트 푸드, Comfort Food)은 무엇인가?

3 — 즐기는 삶에 빠질 수 없는 음식

음식에 대한 사랑이 유별난 이탈리아에서 '골라(gola)'는 특정 음식을 열망하여 맛있게 먹는 것을 의미한다. 좋아하는 음식을 먹는 이 행위는 사람을 기분 좋게 만들고, 삶을 충만하고 활기차게 해준다고 생각한다. 또한 이탈리아 플로렌스 사람들은 '자아(self)'를 음식을 사랑할 권리와 폭식, 과식을 피해 현명하게 음식을 먹을 도덕적 의무를 지닌 존재로 규정한다. 즐거운 본능과 정서적 안정을 위해 음식을 탐닉하고 선택하는 권리는 자아정체성에 있어 매우 중요한 요소라는 것이다.

나는 하루 세 끼를 충분히 즐기며 살고 있는가? 매 끼니를 즐기긴 어렵지만, 적어도 내가 어떤 맛을 좋아하고 어떤 음식이 나에게 잘 맞는지 알아가는 여유를 지니는 것, 그것이 삶을 즐기는 첫 번째 요소가 되면 좋겠다.

☑ CHECK IT
내 삶에서 빠질 수 없는 음식. 나는 그 음식을 사랑하고, 폭식과 과식을 피해 현명하게 즐기고 있는가?
나는 하루 세 끼를 충분히 즐기며 살고 있는가?

4 — 나를 행복하게 하는 음식 만들기

가정에서 많은 주부들이 아이들의 입맛에 맞춰 요리를 한다. 늦은 밤, 야식을 먹을 때도 남편과 아이들이 좋아하는 치킨과 피자, 맥주 등을 주문하는 경우가 많다. 어느 날, 이러한 패턴으로 생활하다가 비만과 고혈압에 시달리게 된 40대 여성이 살을 빼고 싶다며 한약국을 방문했다. 그는 늦은 밤에는 가족과 함께 야식을 먹고, 점심에는 친구들과 외식을 한다고 했다. 나는 점심 한 끼만이라도 스스로를 위해 음식을 만들어보기를 권유했다. 시간이 흘러 그에게 차츰 변화가 생겨났다. 무엇을 먹고 싶은지 스스로에게 묻기 시작했고 어느 순간부터는 플레이팅까지 즐기며 여유롭게 식사를 하기 시작했다. 자연스럽게 소식을 하게 되었고 늦은 밤, 자극적인 배달 음식의 유혹에도 넘어가지 않았다. 그리고 놀랍게도 3개월 후 15kg을 감량하는 데 성공했다.

나를 위한 요리는 스스로에게 관심을 갖게 해준다. 거창한 요리가 아니어도 좋다. 오이를 씻어 된장을 찍어 먹는 정도의 간단한 시도부터 해보는 거다. 나를 위해!

☑ CHECK IT
가족이 아닌, 오롯이 나 자신만을 위해 요리한 적이 있는가?
나에게 가장 먼저 만들어주고 싶은 요리는 무엇인가? 왜 그 요리를 만들어주고 싶은가?

지금 나의 푸드 라이프스타일 ────────

채식 연습 첫 단계의 궁극적 목표는 나의 식생활과 식습관을 객관적으로 돌아보는 것이다. 앞서 첫 번째와 두 번째 돌아보기에서 '나'라는 존재를 형성해온 음식에 대해 생각해봤다면, 이제 본격적으로 내가 먹고 있는 음식에 대해 짚어보자. 단언컨대 이 장이 끝나면 나 자신도 잘 몰랐던 나의 푸드 라이프스타일을 깨닫게 될 것이다.

1 ──── 내가 24시간 동안 먹은 음식들

사람들은 자신의 생각보다 많은 음식을 먹는다. 지금부터 거슬러 올라가 24시간 동안 내가 먹었던 음식을 기록해보자. 그중 정말 먹고 싶어서 먹은 음식은 얼마나 되는가? 내 의지와 상관없이 그저 입으로 들어간 것들은? 살이 찔지도 모른다는 죄의식을 느끼게 한 음식은 없는가? 평소 앓아온 질환에 도움이 되는 음식, 또 먹어서는 안되는 음식을 얼마나 먹었는가? 생각보다 많은 것들을 느끼게 될 것이다.

어떤 사람은 늘 적게 먹는데 배가 안 들어간다고 억울함을 호소한다. 그러나 24시간 동안 먹은 음식을 나열해보면 결국 이렇게 고백한다. "제가 뭔가를 계속 먹긴 먹었군요!"

노력을 해도 식생활을 바꾸기는 어렵다. 그냥 적어보자. 3주 정도 꾸준히 식사 일기를 작성하면 자신도 모르는 사이 식사 패턴이 바뀌고 있음을 깨닫게 될 것이다.

☑ CHECK IT
24시간 동안 먹은 음식들을 나열해보자.
먹고 싶어서 먹은 음식은 얼마나 될까? 굳이 먹을 필요가 없었던 음식은 어떤 것이 있을까?

2 ──── 12시간 공복의 중요성

과식에 대한 구세주처럼 등장한 간헐적 단식. 일주일에 두 번 정도 16시간의 공복을 유지하면 체중과 대사증후군을 잘 관리할 수 있다는 이론이다. 실제로 효과를 본 사람들도 많지만 조금 위험한 측면도 있다. 위장은 고무줄처럼 늘였다 줄였다 제멋대로 하는 걸 좋아하지 않기 때문이다.

우리 몸은 자연의 원리에 따라 움직인다. 한방에서 말하는 음양의 원리에 따라 해가 떨어진 저녁부터 밤, 새벽을 통과하는 12시간 동안에는 가능하면 오장 육부와 정신을 이완시키는 패턴이 좋다. 적게 먹고 적게 움직이고 적게 생각하고 많이 쉬면서 푹 자는 것이다. 반대로 해가 뜬 12시간 동안에는 가급적 햇볕을 많이 쬐고 활동적으로 움직이며 식사도 포만감 있게 먹는 것이 좋다. 그러면서 매일 12시간의 공복을 유지하면 대부분 소화 장애를 고칠 수 있고 뱃살도 빠진다. 충분한 수면을 취하고 12시간의 단식 후 먹는 첫 번째 식사를 이렇게 부른다, Breakfast. fast는 동사로 '단식한다'는 뜻이다.

☑ CHECK IT
저녁 식사를 하고 다음 날 아침 식사까지 보통 몇 시간의 공복을 유지하나?
12시간의 공복을 방해하는 야식을 즐겨 먹는 편인가?

3 —— 3주간 식사 일기 적어보기

자, 이제 펜을 꺼내 들고 나의 식사 패턴을 적어보자. 아침, 점심, 저녁은 몇 시에 무얼 먹었는지,
간식은 언제 어떤 걸 먹었는지 말이다. 내가 만난 대부분의 환자들은 가장 기본적인 식사 패턴이
무너져 있었다. 불규칙적으로 먹거나, 저녁 늦게 먹고, 과식과 폭식을 빈번하게 했다.
이런 분들은 대개 자신의 체질에 맞는 음식이 무엇인지를 먼저 궁금해한다.
나는 체질식보다 일단 기본적인 룰부터 지켜보라고 권한다. 기초공사가 잘못되었는데 체질식이 무슨 소용이랴.
식사 패턴을 알기 위해서는 적어도 3주 정도 꾸준히 식사 일기를 적어보는 것이 좋다. 이때 어떤 음식을 먹은 후
속이 편했는지, 화장실 가기가 불편했는지, 가스가 차고 더부룩했는지 등을 함께 메모해두면 더욱 효과적이다.

☑ CHECK IT

나의 식사 일기를 만들자. 내가 오늘 하루에 먹은 음식들을 기록하되,
내 식생활 패턴을 진단하기 위해서는 3주 정도 꾸준히 작성하는 것이 좋다.

(예시)

시간	먹은 음식	식후 느낌	개선점
아침 7시	아메리카노 한 잔	빈 속이라 살짝 속 쓰림	따뜻한 허브티 또는 죽, 수프로 바꾸기
오후 12시	크림 파스타, 케이크와 아메리카노	소화가 잘 되지 않아 오후에 속이 좀 더부룩	못 말리는 크림 덕후지만 횟수도 양도 좀 줄여야 할 듯
오후 3시	초코과자	조금만 먹어서 괜찮았음	고구마 말랭이나 현미스낵 같은 건강 간식으로 바꾸기
저녁 8시 반	밥, 돼지고기 김치찌개, 멸치볶음, 달걀 프라이	짜게 먹었는지 계속 물이 당김	늦게 먹다 보니 배고파 과식! 저녁 식사 시간 조금 앞당기고 밥 양 줄이기 채소 섭취량 늘릴 것

건강하지 않은 음식에 대한 집착과 습관, 어떻게 바꿀 수 있을까?

1. 미각을 깨우자

내가 진짜로 좋아하는 맛이
무엇인지 탐색해보자.
신맛, 쓴맛, 단맛, 매운맛, 짠맛 중
가장 선호하는 맛을 알아내고,
그 맛을 충족시켜주는 채소나
과일을 양념 없이 또는 기본
소스만으로 즐겨보자. 천천히
재료 본래의 맛을 느끼며 먹다보면
미각이 깨어나기 시작한다.

2. 계획적으로 나쁜 음식을 먹어라

주로 언제 나쁜 음식에 탐닉하는지
분석해보자. 생리 전이나 스트레스를
받은 후 통제할 수 없는 식욕 때문에
과식을 하거나 자극적인 음식을
찾는다면 그대로 인정하자.
그리고 이제부터는 이때 먹을 음식을
사전에 준비해두자. 단, 양을 정해서
먹어야 한다. 이렇게 미리 준비해두면
폭식을 하는 경우가 점점 줄어들 것이다.

3. 건강한 루틴을 갖자

나만의 식사 패턴을 정해서
규칙적인 시간과 식사량을 지켜보자.
어쩌다 끼어드는 불규칙한 리듬이
전체적인 루틴을 흐트러뜨리는 일이
없도록 탄탄한 베이스캠프를 만드는
것이 중요하다. 일주일에 한 번
또는 한 달에 한 번 정도는 내게도
흐트러질 자유를 주자. 단, 평소
건강한 리듬을 잘 유지한 경우에만
가능한 자유임을 잊지 말자.

4 ── 참고! 월경주기와 식욕의 춤

여성이라면 월경주기에 따라 식욕이 널뛰는 경험을 해본 적이 있을 것이다.
생리 전에는 초조하거나 우울감, 불안감이 상승하고 부종·변비 증상과 더불어 갑자기 단 음식이 당기거나
식욕이 왕성해지는 경향이 있다. 이를 '생리전 증후군(Premenstrual syndrome, PMS)'이라고 부른다.

생리전 증후군을 관장하는 호르몬은 '프로게스테론'이다. 수정(임신)이라는 막중한 과업을 이루기 위해
분비되는 이 프로게스테론은 혈당을 정상으로 유지하고 체내 수분량을 조절하는 역할을 하지만,
식욕 증진과 졸음 유발, 초조함과 우울감을 동반한다. 프로게스테론의 양은 생리기간이 다가오면서
서서히 줄어들지만 그 영향력은 더욱 강해져서 근육통이나 어깨 결림을 유발하고 다크서클을 형성해
피부를 칙칙하게 보이게 만든다.

현대 여성들은 월경주기에 따라 변화하는 몸의 신비에 귀기울일 여유를 잃어버렸다. 몸과의 대화보다
진통제와 피임약을 더 친근하게 생각하는 경우도 있다. 여성이라면 누구나 피할 수 없는 시간인 만큼
스스로가 자연의 일부임을 자각하고, 자연의 리듬에 따라 찾아오는 몸과 마음의 변화를 편안하게 수용하는
자세를 갖도록 하자. 생리전 증후군을 극복할 수 있는 몇 가지 식생활 팁들을 소개한다.

단것이 부쩍 당기고 탄수화물에 집착하는 경향이 있다면?

초콜릿이나 빵 대신 과일의 단맛과 견과류의 고소함을 즐긴다.
통곡류로 만든 시리얼이나 무설탕 과일 칩 등의 간식거리를 준비해두자.

피부가 건조해지고 푸석푸석질 때는?

과식과 폭식을 피하고 충분한 수분 보충에 신경을 써야 한다. 수분과 식이섬유가 많은 사과, 파인애플 등의
과일과 토마토, 비트, 파프리카, 당근 등 색깔이 풍부한 채소를 섭취하자. 국화차, 레몬차, 진피차(귤껍질차)
등과 같이 비타민이 풍부하고 항산화 물질이 들어있는 차를 마시는 것도 도움이 된다.

생리 전 우울감이 들거나 통제불능의 짜증이 늘어난다면?

칼슘 섭취가 필요하다는 신호! 칼슘은 뼈나 이를 건강하게 할 뿐만 아니라 심장과 혈액 상태를 정상으로
유지해준다. 또한 신경의 흥분을 가라앉혀 마음을 안정시키고 통증을 완화해준다. 칼슘이 풍부하게 들어있는
브로콜리, 근대잎, 시금치 등의 녹색 채소와 아몬드, 참깨, 호두, 잣 등의 견과류, 또한 미역, 다시마, 톳, 김 등의
해조류를 섭취하는 것이 도움이 된다.
칼슘의 배출을 늘리는 커피는 하루에 한 잔만 마시고, 몸이 냉하고 소화가 잘 안된다면 커피 대신
허브차를 마시자. 한국인은 특히 칼슘 섭취가 부족한 편인데, 요즘 커피 문화가 생활화되면서 카페인으로 인한
칼슘 배출이 늘고 있다. 카페인은 초조하거나 불안한 기분을 조장하고 뼈를 약하게 하므로 습관적으로 매일
서너 잔씩 마시는 일은 삼가자.

생리통이 심하거나 생리가 불규칙하다면?

몸이 차가워져서 혈액 순환이 좋지 않기 때문이다. 몸을 따뜻하게 하는 생강, 마늘, 양파, 후추, 커리를
요리에 적극적으로 활용하자. 쑥차를 자주 마시는 것도 좋은 방법이다.

쿠킹 요가 & 식사 명상

평소 요리를 할 때 어떤 자세로 요리하는지 의식해보자. 습관적으로 짝다리를 짚거나 허리를 구부정하게 하고
싱크대에 배를 걸치고 있지는 않은지 점검해보자. 요리와 식사를 하면서, 머리에는 온갖 복잡한 생각을
무겁게 담고 있지는 않은가? 지금 여기, 이 순간을 즐겨보자.

쿠킹 요가 부엌에서 요리하며 할 수 있는 가벼운 요가 동작을 익혀두자.

척추를 세운다.

→ 숨을 들이쉬면서 발뒤꿈치를 들고
   항문과 엉덩이 근육을 조인 상태로 잠시 멈춘다.

→ 숨을 내쉬면서 발뒤꿈치를 내리고
   항문과 엉덩이 근육을 이완한다.

  * 3~5회 반복한다.

식탁 의자 등받이에 한쪽 발을 얹고
나머지 다리는 곧게 세워 중심을 잡는다.

→ 숨을 들이쉬면서 양팔을 옆으로 올린 후 위로 올린다. 잠시 멈춘다.

→ 숨을 내쉬면서 머리와 팔을 식탁 의자에 올린 발쪽을 향해 숙인다.

→ 반대쪽 발로 바꾸어 한 번 더 한다.

  * 3~5회 반복한다.

식사 명상

식사 전과 후, 식사를 하면서 명상을 해보자. 더 건강한 식사가 될 것이다.

① 음식을 먹기 전, 식재료가 한 알의 씨앗으로부터 시작되었다는 것을 떠올리자.
무수한 시간과 정성, 다양한 자연의 변화 속에서 성장했을 재료들에 대한 경이로움을 느끼고 감사하자.

② 느긋한 마음으로 식사하는 게 중요하다.
먼저 한 수저를 뜨는 순간, 음식의 색과 향에 집중하자.
그리고 나서 입안에 들어와서 씹히는 소리, 질감을 천천히 음미하면서 먹는다.
음식이 입안에서 모두 사라질 때까지 집중해서 즐기고 비어있는 입안의 느낌, 온도, 여운을 느껴보자.
재료 본래의 맛을 음미하고 침과 잘 섞여 부드럽게 목으로 넘어가도록 하면 소화는 저절로 잘 된다.

③ 음식을 비우고 난 빈 그릇을 잠시 바라보며 명상을 해보자. 무언가 사라진 여운 속에서도 배울 점이 있다.

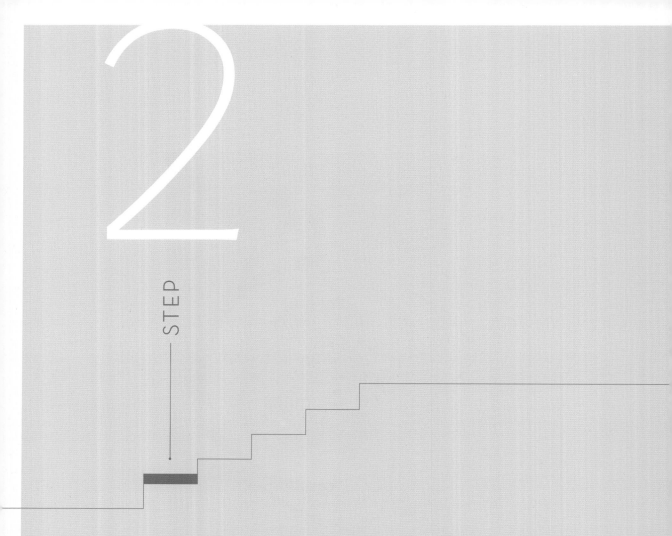

2 — STEP

채식 연습 2단계

채식 시작 전 알아두기

두 번째 단계에서는 채식을 시작하기에 앞서 의미와 가치, 채식 식단의 유형,
채식을 통해 얻을 수 있는 이점에 대해 살펴본다. 이어 채식에서 무엇보다 중요한
좋은 식재료를 현명하게 구매하고 보관하는 방법을 알아보자. 재료마다 다른 손질법 및
저장법은 물론 냉장고를 깔끔하게 정리하는 요령까지 알차게 구성했다.
아울러 다양한 풍미를 위해 사용한 양념, 허브와 향신료를 소개하고
조금 낯설지만 도전해볼 만한 재료들을 안내했다. 집에서 손쉽게 만들어
두고두고 활용하는 채식 소스와 홈메이드 식품들의 레시피도 자세히 다루었다.
채식 시작 전 알아두면 유용한 정보들, 여기 다 있다.

채식의 의미와 가치부터 쿠킹 포인트까지

1 ─── 채식이 무엇일까?

'채식(菜食, Vegetarian diet)'이란 식물의 뿌리, 줄기, 잎, 열매, 씨앗을 먹는 식단이다.
하나의 생명체가 스스로를 성장시키고, 번식하기 위해서는 온전한 영양을 필요로 한다.
그런 의미에서 식물을 먹는다는 것은 그들의 생존전략이 기록된 유전자를 먹는 것이다.
식물은 태양으로부터 직접 에너지를 받아 생명을 유지하면서, 아주 강한 자연 면역력을 가진다.
식물의 이러한 영양 성분들은 색소, 맛, 향기 성분에 가장 많이 들어있다.
흔히 골고루 먹는다고 말할 때 동물성과 식물성 식품을 같이 먹는 것이라고 생각하지만
엄밀히 말하면 하나의 생명체를 온전하게 먹는다는 의미가 더 적합하다. 특히 채식에서는
식물의 부위와 종류를 다양하게 먹고 그들의 색, 맛, 향기를 살려 먹는 것을 의미한다.

일반적으로 인간이 동물이기 때문에 동물성 영양이 반드시 필요할 것이라고 생각한다.
하지만 인간의 생리, 신체기능, 소화기관은 육식동물보다 초식동물에 가깝다.
육식동물은 소화기관이 몸길이의 3배밖에 되지 않지만, 인간의 소화기관은 육식동물에 비해
4배나 더 길다. 육식동물의 소화액은 고기가 소화되는 동안 부패되지 않도록 다른 동물(인간
포함)보다 10배나 강한 염산을 분비한다. 또한 소, 말, 사슴과 같은 초식동물은 인간과
마찬가지로 살갗을 통해 땀을 흘리고 체온을 조절하는 반면, 육식동물은 땀샘이 발달하지 않아
혀를 통해 이러한 조절을 한다. 송곳니가 발달한 육식동물과 달리 인간은 초식동물처럼 어금니가
발달해 있다. 이런 것들을 두루두루 살펴볼 때 인간에게 동물성 영양이 중요하고 동물성과
식물성 식단을 골고루 먹어야 한다는 생각은 어쩌면 주입된 지식이자 편견일 수 있다.

채식에서 가장 중요한 것은 단순히 고기만 빠진 식단이 아닌, 영양의 균형을 고려해
좋은 재료들을 골고루 섭취하는 것이다. 그러기 위해서는 생산부터 가공, 유통 단계에서
재료 관리가 중요하고, 조리 과정에서 영양소 파괴를 적게 함으로써 온전한 영양을 섭취해야
한다. 식물은 가급적 적게 가공하고 온전하게 통째로 조리하거나 섭취하는 것이 좋다.
바른 섭생은 자연과의 교감을 통해 우리 몸을 보다 건강하고 생기발랄하게 만들어준다.

2 —— 채식의 이점, 그리고 가치

중국 2,400여 개 지역에서 식생활과 암으로 인한 사망률 사이의 관계를 조사한
콜린 캠벨 박사는 식습관과 질병에 있어 8,000가지 이상의 통계적으로 의미 있는 연관성을
발견했다. 이 연관성들은 한결같이 동물성 식품을 많이 먹은 사람은 만성질환에 자주 걸리는
반면, 식물성 식품을 많이 섭취한 사람은 만성질환에 강한 저항력을 보이며 보다 건강하다는
것을 보여주었다. 이는 동물 대상 연구와 인간 대상 연구 모두에서 일관되게 나타났다.
미국국립과학원(NAS)의 보고서인 '식품, 영양, 그리고 암의 예방 : 세계적인 시각'에서도 같은
결과를 소개하고 있으며 이로 인해 미국암연구협회는 암의 위험을 낮추기 위해 채식을 하라고
권고하게 되었다. 채식은 혈액 순환을 원활하게 하고, 면역력을 증가시키며 항산화, 항균 작용이
뛰어나기 때문에 만성염증, 대사증후군, 면역계 질환, 심혈관계 질환에 탁월한 효과를 보인다.

음식물은 고유한 진동수를 가지고 있으며, 우리 몸에 들어와 매우 미묘한 영향을 미친다.
동물의 도살 과정에서 그들은 극심한 스트레스, 우울, 불안, 분노와 죽음에 대한 공포를 겪는데
이런 감정 상태는 생화학적으로 유독한 물질을 분비시키고, 그들을 먹는 사람들에게 영향을
미친다. 반면 식물들의 진동은 감정적 소용돌이나 거친 파동으로부터 자유롭다. 그런 의미에서
정신 수행법의 하나로도 채식이 자리잡고 있다. 채식은 다른 동물을 해치지 않고 살아갈 수
있다는 점에서 그 자체로 비폭력적인 삶의 방식이기도 하다. 우리가 고기를 덜 먹을수록,
다른 생명을 덜 죽여도 된다는 것을 떠올린다면 채식의 의미는 건강 식단 그 이상이다.

마지막으로 채식은 지금 심각한 이슈인 전염병, 기후 변화, 자원 부족에 대한 대안이자
지속 가능한 미래를 위한 실천법이기도 하다. 바이러스 원인으로 지목된 야생동물을 먹는
행위는 열대우림에 살아가는 바이러스들을 인류의 서식지로 불러들였다. 열대우림은
이미 70% 이상 파괴되었고, 열대우림 파괴의 80%는 소 방목과 공장식 축산업 때문이다.
이는 야생 동식물의 멸종, 생물종 다양성의 파괴로 이어지고 있다. 이렇게 육식은 기후 변화와
전염병의 원인이기도 하기 때문에, 채식은 가장 적극적이면서 효과적인 대안이 될 수 있다.

3 — 채식의 유형

채식 문화가 먼저 발달한 서구에서는 채식의 유형을 어떤 종류의 식품까지 허용하느냐에 따라 아래와 같이
분류한다. 붉은색 고기만 먹지 않는 폴로 베지테리언부터 식물성 영양만 섭취하는 비건까지 다양하다.
최근에는 플렉시테리언이나 리듀스테리언처럼 내 일상에서 허용 가능한 범위의 채식을 하는 채식 지향자들도
늘고 있다. 이 책에서는 비건 채식에 맞춰 레시피를 소개했다.

비건 Vegan	100% 식물성 영양만 섭취하는 채식.
락토 베지테리언 Lacto vegetarian	동물성 식품 중 우유(유제품 포함)만 허용하는 채식.
오보 베지테리언 Ovo vegetarian	동물성 식품 중 달걀(조류의 알)만 허용하는 채식.
락토 오보 베지테리언 Lacto-ovo vegetarian	동물성 식품 중 우유(유제품 포함)와 달걀 모두 허용하는 채식.
페스코 베지테리언 Pesco vegetarian	동물성 식품 중 우유(유제품 포함), 달걀과 함께 생선, 해산물까지 허용하는 채식.
폴로 베지테리언 Pollo vegetarian	동물성 식품 중 오직 붉은색 고기만 먹지 않는 채식. 쇠고기, 돼지고기 등은 No! 닭고기는 Yes!
플렉시테리언 Flexitarian	평소에는 비건 채식을 하지만, 강도가 센 노동을 해야 할 때 등 평소와 다른 상황에서는 일부 육식을 허용하는 채식 지향자.
리듀스테리언 Reducetarian	고기를 끊어야 한다는 강박에서 벗어나 고기의 소비를 가능한 만큼 줄이는 채식 지향자.

4 — 채식 요리할 때 신경 써야 할 포인트

다섯 가지 색을 살려 조리하자. 식물의 오색(초록색, 붉은색, 노란색, 흰색, 검은색)은
오장(간, 심장, 비위, 폐, 신장)에 이롭고, 이 색깔들 속에 식물의 영양이 가장 많이 들어있다.
지나치게 끓이거나 오래 삶거나, 푹 익혀서 식물의 색소를 파괴시키는 조리법은 피하자.

다섯 가지 맛을 골고루 요리에 반영하자. 오미(신맛, 쓴맛, 단맛, 매운맛, 짠맛) 역시
오장(간, 심장, 비위, 폐, 신장)에 이롭다. 한쪽으로 치우친 맛은 편식, 과식, 폭식의 원인이 되기도 한다.
평소 다섯 가지 맛을 고루 섭취하면 식욕을 조절하기 쉽고, 정신적으로도 균형 잡힌 상태를 유지할 수 있다.

간을 적게 하자. 식재료 고유의 맛을 즐기기 위해 간을 적게 하고, 특히 화학조미료는 사용하지 말자.
천연의 허브나 향신료 등을 적절히 활용하면 음식의 풍미를 다채롭게 만들 수 있어 좋다.

기름을 적게 사용하자. 식물성 기름도 칼로리가 높고 쉽게 산패되기 때문에 신선한 상태로 소량 섭취하는 게
좋다. 가능하면 최소한의 기름을 사용하고, 튀기는 방법 대신 기름 없이 굽거나 가볍게 볶는 조리법을 선택하자.

통째로 조리하자. 과일은 껍질째 먹고, 채소도 통째로 조리하면 식물들의 온전한 영양을 섭취할 수 있다.

그리고 마지막으로! 너무 강박적인 원칙에 얽매이지 말고, 창조적으로 즐기면서 조리하자.
기존의 채소 조리법이나 양념법을 탈피해 실험적으로 도전하고 즐기자.
어쩌면 이것이 천천히 즐기면서 채식과 친해지는 '채식 연습'에 있어 가장 중요한 포인트가 아닐까 싶다.

현명한 장보기와
꼼꼼한 재료 보관법

1 ——— 현명한 장보기

우리가 일부러 의식하지 않아도 매일 습관적으로 반복하는 것들이 있다. 아침이면 세수를 하고
양치를 하는 것, 주말에는 빨래를 하는 것, 퇴근길에 지하철역에서 집까지 걸어오는 것…
저마다 루틴은 다르지만 무의식적으로 반복하는 일상의 습관이 우리의 라이프스타일을 건강하게 만들어준다.
그런 면에서 장보기의 루틴을 정하는 일은 건강한 식생활과 관계가 깊다.

채소를 구입할 때는 평소 먹어보지 않은 채소를 구입해 요리해보자. 잎채소에 해당하는 엽채류,
줄기채소인 경채류, 나물 요리에 좋은 순채류, 뿌리채소인 근채류까지 종류가 굉장히 다양하다.
평소 몸이 냉한 편이라면 뿌리채소류, 열이 많거나 대사성 질환(당뇨병, 고혈압, 고지혈증, 심장병)이
좀 있다면 색깔이 풍성한 잎채소류의 비중을 높이면 좋다.

재래시장에서 직접 장을 보자

재래시장은 고유의 푸근한 분위기가 있다. 여유 있게 장을 보는 날을 정해서 장바구니를 옆에 끼고
재래시장을 방문해보자. 구수한 입담과 함께 가격을 실랑이하며 단골집을 찾아가는 재미도 있다.
무엇보다 좋은 점은 식재료를 직접 보고 구입할 수 있고 가격도 저렴하다는 것이다.
처음에는 어느 곳의 채소가 더 품질이 좋은지 헷갈리지만, 몇 군데 돌아다녀보면 가게마다 품질 차이가 나고,
손질이 되어있는 정도도 다르기 때문에 나에게 맞는 가게를 찾을 수 있다.
재래시장 장보기의 또 다른 장점은 과도한 포장 재료를 사용하지 않는 점이다.
장바구니에 천으로 된 주머니나 종이봉투 몇 개를 넣어 가서 물기가 있는 재료는 종이봉투에 담고,
마른 식재료는 천 주머니나 장바구니에 그대로 담으면 된다. 많은 양의 식재료를 구입할 때는
이동식 수레를 끌고 가면 더 여유롭고 편하게 장을 볼 수 있고, 시장 문화도 즐길 수 있다.

소비자 생활협동조합의 조합원이 되자

소비자 생활협동조합(이하 '생협')의 조합원이 되면 할인 혜택이나 물품 안내를 받아볼 수 있다.
바쁜 직장인이라면 지정된 배송일에 집으로 가져다주니 장보기에 대한 부담도 줄 것이다.
급한 품목은 가까운 매장이나 동네 채소가게, 마트에서 구입하더라도 꾸준하게 소비하는 품목은
생협의 조합원으로 가입한 후 이용하면 쉽고 편하게 건강한 식단을 꾸릴 수 있다.
또 자주 이용하는 품목을 등록해두면 쇼핑 시간도 절약하고, 매장별 특가 목록도 받아볼 수 있다.
요즘은 새벽 배송을 해주는 온라인 쇼핑몰들이 생겨서 급한 식재료도 편리하게 구입할 수 있다.
다만 온라인 장보기는 식재료를 직접 보고 고를 수 없기 때문에 품질이 떨어지는 경우가 종종 발생한다.
또한 적은 양을 주문하더라도 택배 발송을 하기 때문에 포장재로 사용되는 쓰레기들을 처리해야 하는
또 다른 노동이 수반되고, 재활용이 가능한 포장재를 사용한다 할지라도 소분하는 채소들은 모두
비닐 포장이 되어있어 환경에는 좋지 않다. 온라인 장보기를 한 다음 버려지는 비닐 포장재들은 생각보다
엄청난 양이다. 그런 의미에서 직접 장보기를 한다는 것만으로도 환경에 도움이 된다.

농산물 직거래 장터를 이용하자

시간 여유가 있다면 친환경 농산물 직거래 장터(파머스마켓, 농부의 시장)를 찾아보자.
인터넷에서 채식 카페를 찾아 가입하거나 스마트폰에 채식 관련 앱을 깔면 다양한 직거래 장터 소식을
접할 수 있다. 요즘에는 '비건페스티벌'이나 '비건페스타' 등 채식 문화 활동도 다양해지고 있다.
이곳에서는 농부들이 직접 농사지은 농산물은 물론 다양한 채식 물품들을 감각적으로
진열해 판매하기도 하니 그 이색적인 문화를 즐겨보자. 또한 채식인들을 위한 동물성 성분이 배제된
의류나 가방, 신발 등의 비건 상품들도 함께 경험할 수 있다.
농산물 꾸러미 배송도 이용해보면 좋다. 일주일간 사용할 분량만큼 다양한 식재료들을
계절에 맞게 꾸러미로 배송해주는 시스템으로 친환경 유기농 조합 또는 먹거리 관련 시민단체에서
진행하는 경우가 많다. 온라인을 통해 신청할 수 있으니 검색해보자.

채식 가공식품은 채식 전문 쇼핑몰에서

가끔은 고기의 맛을 추억하고 싶을 때가 있다. 단지 고기가 먹고 싶다기보다 고기를 먹을 때의 이완되고
포만감을 느끼는 정서가 문득 그립다면 콩고기나 밀건고기, 콩햄 등으로 대체해 볼 것을 권한다.
채식 전문 쇼핑몰을 즐겨찾기 해두었다가 온라인으로 주문하면 된다.
이들 쇼핑몰에서는 동물 실험을 하지 않은 비건 화장품이나 친환경 세제, 간단한 간식류도 구입할 수 있다.
요즘은 달걀, 우유를 넣지 않은 채식 빵과 케이크, 비건 쿠키 등을 판매하는 채식 베이커리 전문점도
늘고 있다. 천연 발효시킨 곡물빵이나 콩고기가 들어간 피자빵, 티 푸드로 곁들이기 좋은 비건 티라미수 등을
원한다면 '비건 베이커리'를 검색해 방문하거나 온라인으로 주문하면 된다.

해외 채식 마니아들이 애용하는 시즈닝과 식재료 구하는 법

채식 문화가 발달한 나라의 채식인들이 더 다양하게, 맛있게 채식 요리를 해먹기 위해 자주 사용하는
시즈닝(양념)이나 풍미를 더해주는 재료들이 있다. 굳이 해외 재료를 구해서 맛을 내야 할까
의구심이 들기도 하지만, 1년에 한 번 정도 구입해두면 오래 두고 독특한 채식 요리를 즐길 수 있다.
요즘은 국내 온라인 쇼핑몰에서 해외직구 상품을 저렴한 배송료로 전달해주기도 한다.
또한 직접 수입하고 판매하는 곳, 유사한 제품을 국내에서 직접 생산하여 판매하는 곳도 많아졌으니
관심 있는 재료들은 포기하지 말고 찾아보자. 채식 문화가 확산될수록 주방에서 채식 요리를 다양하게
즐길 수 있는 건강한 요리 문화가 발달할 것이고, 보다 간소하면서도 안전한 먹거리를 선택할 수 있는 방법도
보편화될 것이다. 이러한 이유로 우리가 좋은 먹거리를 선택하는 일은 굉장히 중요하다.

직접 기르는 작은 행복, 텃밭 가꾸기

텃밭농사를 지어 먹거리를 직접 재배하는 기쁨은 말할 수 없는 보람을 갖게 한다. 바쁜 직장인이나
농사일에 익숙지 않은 이들이라면 베란다나 실내에 작은 박스 정원을 꾸며 허브 몇 종류만이라도 길러보자.
바질, 민트, 로즈메리, 루콜라, 토마토 등의 허브와 채소에 빛과 물만 잘 맞춰주면 비교적 잘 자란다.
자신감이 붙으면 상추, 쑥갓 등 차츰 가짓수를 늘려보는 것도 좋다. 채소 찜이나 구이를 만들 때 화분에서
직접 수확해 향이 진한 로즈메리와 바질을 넣으면, 새로운 행복감을 만끽하게 될 것이다.

채식 관련 정보 공유 카페, 채식 재료 공동구매

한국채식연합_ www.vege.or.kr
한울벗채식나라_ cafe.naver.com/ululul
채식평화연대_ cafe.naver.com/vegpeace
채식공감_ cafe.naver.com/veggieclub

채식 전문 쇼핑몰

베지푸드_ www.vegefood.co.kr
채식사랑_ www.veganlove.co.kr
베지맘_ www.vegemom.kr
채식나라_ www.chaesiknara.co.kr

소비자 생활협동조합(생협)

한살림_ www.hansalim.or.kr
두레생협연합_ www.dure-coop.or.kr
아이쿱 자연드림_ www.icoop.or.kr
초록마을_ www.choroc.com

사회적 기업

둘러앉은밥상_ www.doolbob.co.kr
싸리재마을_ www.ssarijai.com

해외직구 사이트

아이허브코리아_ kr.iherb.com

채식 베이커리

더브레드블루_ thebreadblue.com
어스트리_ earthtree.kr
우부래도_ www.instagram.com/ooh_breado
마마앤파파_ blog.naver.com/kassa12

채식 관련 앱

채식한끼, 해피카우

오프라인 마켓 & 비건 페스티벌

보틀팩토리(채우장), 알맹(망원시장), 마르쉐
베지노믹스페어 비건페스타_ www.veganfesta.kr
비건페스티벌_ www.facebook.com/vegankorea

그 외 추천 사이트

제주 레몬농장_ www.jejulemon.com
마켓컬리_ www.kurly.com ('비건'을 키워드로 검색)

비건 라이프스타일 숍

더피커(제로웨이스트 숍)_ www.thepicker.net
그린블리스(유기농 패션)_ www.greenbliss.co.kr
페어트레이드코리아 그루(공정무역 쇼핑몰)_
www.fairtradegru.com

2 ── 꼼꼼한 재료 보관법

주방을 100% 활용해 요리를 즐기려면, 평소 주방의 상태에 관심을 갖고 기록해두는 것이 좋다.
나만의 주방 노트를 만들어 냉장실과 냉동실, 베란다 정원에 있는 재료들을 분류해 메모해두면
식재료의 위치와 재고 파악이 쉬워진다. 여기에 좋아하는 레시피를 기록하고, 그림을 그리거나 스티커를
붙이는 등 세상에 단 하나뿐인 나만의 요리 노트를 만드는 것도 소소한 즐거움이다.

냉장실에는 편의성을 고려해 보관하기

냉장고는 냉장고 전용 수납 박스와 용기를 적절하게 이용하면 깔끔하게 정리할 수 있다.
하지만 정리를 해도 금세 복잡해지는 게 냉장고이다. 그러니 너무 완벽하려고 애쓰지 말자. 그보다는
상한 음식을 오래 두면 곰팡이와 세균이 발생하므로, 정기적으로 정리하고 청소하는 습관을 들이자.

1 가족들이 좋아하는 음식 종류에 따라 애용하는 장류, 소스류가 달라진다.
   냉장고 위 칸과 안쪽 깊은 곳에는 자주 사용하지 않는 것을, 손이 잘 닿는 앞쪽에는 매일 먹는 것을 둔다.
   냉장고 내 재고 파악이 쉽도록 손잡이가 달려서 꺼내기 쉬운 박스를 이용해 수납하고,
   장보기 전에는 반드시 냉장고 속 재료를 먼저 체크한 후 필요한 재료들만 구매한다.

2 채소와 과일은 재료의 질감이 비슷한 것끼리 보관하는 게 좋다.
   오이·가지·호박처럼 길쭉한 것들끼리, 상추·케일·로메인 등 잎채소끼리, 고수·파슬리·타임 등 향신료끼리
   담아두면 공간 활용도가 높아지고, 채소가 눌려서 무르거나 상하는 일도 줄일 수 있다.

3 볶음밥이나 채소구이처럼 다양한 채소를
   한 번에 조리하는 경우를 위해
   1회분씩 소분해 함께 담아두는 것도 좋다.
   요리할 때마다 모든 재료를 꺼내어 하나씩
   빼내는 수고와 시간이 줄기 때문이다.
   사진처럼 크기가 같은 용기에 주로 함께
   조리하는 재료들끼리 1회 요리 분량만큼
   나눠 담아 채소 칸에 수납하면 편리하다.

1 구이나 찌개에 넣을 버섯류
2 샐러드나 스무디용 채소
3 볶음밥이나 카레 등에 쓸 채소

4 매일 먹는 장아찌나 김치, 밑반찬 종류는
   한 번에 꺼낼 수 있도록 작은 용기에 덜어
   박스 하나에 모아두면 좋다. 식사 때마다
   박스를 꺼내 접시에 옮겨 담으면 편하다.

5 고추장, 된장 등 무거운 장류는
   냉장고 아래쪽에 배치하도록 하자.

tip **천연재료로 만드는 냉장고 탈취제와 청소 세제**

녹차나 잎차류를 마신 후 말렸다가 냉장고에 넣어두면 각종 잡냄새를 잡을 수 있다. 커피 찌꺼기와 베이킹소다를
동량으로 섞어 냉장고에 넣어두면 잡냄새와 습기를 제거하고 세균 번식도 막을 수 있다. 냉장고 내부를 청소할 때는
알코올(마시고 남은 술 활용), 물, 레몬즙을 동량으로 섞어 뿌린 후 깨끗한 행주로 닦으면 깔끔하게 청소할 수 있다.

베란다에 통풍 잘 되는 채소 보관함 만들기

굳이 냉장 보관을 하지 않아도 되는 과일과 채소를 냉장고에 보관했다가 오히려 품질을 저하시키는
경우가 있다. 나는 베란다에 채소 보관함을 구비해두고 사용한다. 보관함에 구멍이 적당히 있으면
공기가 잘 흘러서 채소를 신선하게 보관할 수 있다.

아주 뜨거운 한여름이 아니라면, 마늘·양파·고구마·감자·당근·비트·콜라비 등은 집에 통풍이 잘 되는 곳에
보관하면 된다. 신선도가 유지되는 기한은 채소마다 조금씩 다른데, 1주일 이내로 사용한다면
대부분 괜찮다. 잘 무르거나 당분이 많은 종류는 상할 경우를 대비해 종이(신문지나 키친타월 등)로 싸거나
면 주머니(프로듀스백)에 넣어 보관하면 좋다. 베란다 채소 보관함에는 마른 김이나 건나물, 건버섯 등을
보관해도 좋고 다양한 채소 가공 식품류나 말린 잎차류, 통조림류를 보관해도 괜찮다.

냉동실에는 소분해서 보관하기

식품은 냉동과 해동을 반복하면 맛, 영양, 풍미 모두가 나빠지기 때문에 1회분씩 소분해 냉동 보관해야 한다.
모든 한식 요리에 필수로 들어가는 마늘·고추·파·생강 등의 양념류는 잘게 다지거나 송송 썰어서
아이스 메이커(얼음틀)에 1작은술씩 넣어 큐브 형태로 얼린 후 보관할 용기에 옮겨 담아(**사진 속 ① 참고**)
냉동실에 넣어두고 사용하면 편하다. 나는 약재·허브류를 담는 용기, 얼린 바나나·딸기·홍시·주스류를
담는 용기, 가루 제품류를 담는 용기, 떡이나 빵을 보관하는 용기, 시래기·데친 나물 등 반찬류를
1회분씩 소분하여 담아두는 용기 등으로 구분해 놓고 사용한다. 특히 시래기나 우거지, 시금치 등은
한 번에 손질해 데친 후 소분해 얼리면 나중에 요리에 쓸 때 편하다. 오래 보관할 경우, 이런 나물류는
용기에 담고 물을 채워 얼리면 원래 상태가 더 잘 보존된다.

은근히 까다로운 과일 보관하기
과일은 생김새에 따라 영양까지 좋게 만드는 보관 방법이 따로 있다.

1 파인애플처럼 잎이 억세고 두꺼운 껍질로 둘러싸인 과일은 잎 부분을 잘라내고
   옆으로 눕히거나 거꾸로 세워 보관하면 좋다. 당분이 전체적으로 퍼져
   단맛이 고루 배기 때문이다. 파인애플은 껍질의 3분의 1 정도가 노란색으로 바뀔 무렵이
   제일 맛있으며, 잎이 작고 아래가 펑퍼짐한 것이 달다.

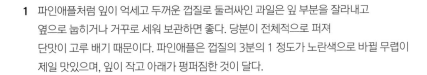

2 복숭아는 냉장 보관하면 맛이 떨어진다. 종이(신문지나 키친타월 등)로 감싸거나
   면 주머니에 넣어 통풍이 잘 되는 곳에 보관했다가 먹기 2~3시간 전에 냉장 보관하여
   차갑게 해서 먹으면 맛있다.

3 딸기는 꼭지를 제거하지 말고 그대로 유리 밀폐용기에 담아 냉장실에 보관한다.
   흐르는 수돗물에 3번 정도 씻어서 먹는다. 단맛이 적은 딸기에 설탕을 뿌려 먹으면
   오히려 비타민B$_1$(티아민)이 손실되므로 덜 달고 맛이 좀 심심하더라도 그대로 먹자.

4 사과는 식물 호르몬의 일종인 에틸렌을 내뿜기 때문에 씨앗의 싹을 돋게 하기도 하고,
   잎을 떨어뜨리거나 열매를 잘 익게 하므로 다른 과일과 함께 보관하면 과일을
   쉽게 상하게 한다. 대신 덜 익은 감을 사과와 함께 4~5일 정도 보관하면 달달해진다.
   사과를 보관할 때는 별도 봉지에 담아 잘 밀봉해서 냉장실 채소칸에 넣어두면 된다.

5 바나나는 수확 후 천천히 익는 후숙 과일이므로 냉장 보관하지 않는다.
   꼭지가 녹색일 때 구입해서 상온 보관하며 천천히 먹는 게 좋다. 질 좋은 바나나가
   값싸게 시장에 나왔다면 박스째 구입해서 껍질을 벗긴 후 한 번 먹을 분량씩 나누어
   냉동 보관하자. 하나씩 꺼내어 아이스크림 대신 후식으로 먹어도 좋고,
   두유와 함께 갈아 마시면 비건 셰이크가 된다. 껍질에 까만 작은 점이 생길 때가
   가장 맛있는데, 이는 바나나의 당도가 절정에 달했을 때 나타나는 '슈거 스폿(sugar
   spot)'이다. 당뇨 환자라면 슈거 스폿이 없는 매끈한 바나나가 좋다. 슈거 스폿이 있는
   바나나의 당 성분은 우리 몸에서 흡수가 빨라 혈당을 빨리 증가시키기 때문이다.

6 키위는 덜 익어서 단단하다면 사과와 함께 보관하여 익혀 먹거나,
   실온에 이틀 정도 놔둔 후 냉장 보관하면 2주 정도 맛있게 먹을 수 있다.

7 포도는 농약 때문에 알알이 따로 떼서 물에 씻어 보관하는 경우가 많은데,
   통째로 물기 없이 냉장 보관하는 게 더 좋다. 먹기 직전에 작은 송이로 잘라
   흐르는 물에 씻어 먹으면 된다. 한 번에 포도를 많이 구입해서 잼이나 청을 만들어도 좋고,
   살짝 얼려서 먹어도 맛있다.

냉장고에 보관하면 안 되는 과일과 채소들

	냉장고에 보관하면?	좋은 보관법
수박	통째로 보관하면 항산화 성분이 빠지고 빨리 썩는다.	과육만 잘라서 밀폐용기에 넣어 냉장 보관한다.
오이	곰팡이가 생겨 진득진득해질 수 있다.	10~12℃의 서늘한 온도에 저장한다.
토마토	숙성을 방해하고, 고유의 맛과 수분이 증발되며 껍질이 쭈글쭈글해진다.	종이봉투나 바구니에 담아 서늘한 그늘에 보관한다.
감자	녹말 성분이 빠르게 당분으로 변하고 풍미가 사라진다.	씻지 않은 상태로 종이봉투나 상자에 넣어 시원하고 그늘진 곳에 보관한다.
마늘	습기를 흡수해 물렁해진다.	공기가 통하는 망에 담아 서늘하고 그늘진 곳에 보관한다.

3 ── 채소와 과일 세척법

1 상추나 깻잎은 찬물에 5~10분 정도 담가두었다가 흐르는 물에 씻으면 농약이나 불순물 등을
   제거할 수 있다. 이때 물에 베이킹소다(물 5컵에 베이킹소다 1~2작은술 정도)를 풀어
   세척 효과를 높여도 좋다. 아래 소개한 다른 채소들도 물에 담가 세척할 때는 물 대신
   베이킹소다 푼 물을 써도 된다. **(사진 ① 참고)**

2 양배추나 양상추는 농약이 직접 닿는 바깥 잎을 2~3장 제거한 후 찬물에 5분 정도 담가두었다가
   흐르는 물로 씻는다.

3 청경채나 배추(봄동, 얼갈이배추, 알배기배추 등)는 뿌리 쪽을 잘라낸 후 잎을 한 장씩 떼어
   흐르는 물에 씻고 다시 찬물에 5분 정도 담가 농약을 제거한다.

4 오이는 굵은소금으로 문지른 후 찬물에 헹군다.

5 시금치는 뿌리 부분을 칼로 긁어 다듬은 후 잎 사이사이에 물이 들어갈 수 있도록 뒤집어 흐르는 물에
   여러 번 헹군다. 소금을 한 꼬집 넣은 물에 데치면 색이 선명해지고 잔류 농약을 제거하는 효과가 있다.

6 브로콜리는 작은 송이로 잘라 흐르는 물에 여러 번 헹군 후 데칠 때 소금을 넣어준다. **(사진 ② 참고)**

7 고추는 농약을 많이 사용하는 작물 중 하나이다. 특히 뾰족한 끝부분에 농약이 많이 고여 있을 수 있으므로
   흐르는 물에 여러 번 씻은 후 꼭지를 떼고 가위로 끝부분을 잘라내고 먹는 게 좋다. **(사진 ③ 참고)**

8 단단한 과일은 베이킹소다를 뿌려 잠시 두었다가 꼼꼼히 문지른 후 찬물에 헹군다.
   말랑한 과일은 베이킹소다 푼 물(물 5컵+베이킹소다 1~2작은술)에 10분 정도 담가두었다가 헹군다.

채식에 많이 쓰는
양념과 재료,
홈메이드 식품들

채식 연습을 위해 구비하는 기본양념들

이 책에 사용된 기본양념들을 맛별로 간략히 안내하고 대체법도 소개했다.
각 레시피에도 가능한 선에서 대체 양념을 적어두었으니 적절히 활용하도록 하자.
단, 건강과 환경을 생각해 채식 연습을 시작하는 것이라면 자주 쓰는 양념만큼은 유기농으로 키우고
재래 방식으로 만든, 가공도가 낮고 친환경적인 것들로 바꿔볼 것을 권한다.

[단맛 양념]

설탕 / 조청 / 메이플시럽 / 매실청

- 선명한 단맛을 내는 '설탕'은 유기농 비정제 설탕(원당)을 사용했다. 기호에 따라 가감해도 된다.
- '조청'은 쌀 조청을 사용했다. 쌀을 엿기름으로 삭혀 푹 고아 특유의 풍미가 있다.
- '메이플시럽'은 사탕단풍나무에서 추출한 수액을 시럽으로 만든 것으로 깔끔한 단맛이 있다.
  없을 경우 조청으로 대체해도 된다.
- '매실청'은 6년간 발효시킨 것을 사용했다. 음식에 단맛과 함께 매실 특유의 상큼한 풍미와
  은은한 신맛을 더해준다.

[짠맛 양념]

소금 / 양조간장 / 국간장 / 된장 / 미소된장 / 고추장

- '소금'은 바닷물을 졸여 만든 천연 자염이나 함초(해초 일종) 자염, 또는 구운 천일염을 썼다.
  모두 입자가 가는 소금이기 때문에 꽃소금으로 대체한다면 맛을 보고 기호에 맞춰 조금 더 넣는다.
- '양조간장'은 6개월 이상 자연 숙성한 간장으로 색이 짙고 염도가 낮으며
  단맛이 있어 요리에 두루두루 활용하기 좋다. 진간장으로 대체 가능하다.
- '국간장'은 단맛이 적고 짠맛이 강하며 깊고 담백한 맛을 내준다.
  국물 요리나 색깔이 어두운 나물 요리, 볶음 요리 등에 사용하면 맛을 선명하게 해준다.
- '된장'은 3년 이상 묵혀 간수가 빠진 소금으로 만든 집 된장을 사용했는데,
  시판 된장보다 염도가 낮은 편이다.
- '미소된장'은 한식 된장과 달리 단맛이 나며, 냄새가 적어 다양한 요리에 사용할 수 있다.
  한식 된장으로 대체할 경우에는 된장의 양을 1/3~1/2 정도 분량으로 줄이고
  나머지를 두부와 맛술을 섞어 사용한다. 단, 풍미가 다소 달라진다.
- '고추장'은 유기농 고춧가루와 무농약 찹쌀가루로 만든 시판 찹쌀고추장을 사용했다.

[신맛 양념]

레몬즙 / 라임즙 / 식초(감식초, 현미식초, 사과식초 등) / 발사믹식초 / 화이트와인 식초

- '레몬즙'과 '라임즙'은 서로 대체 가능하다.
  생레몬과 생라임을 즙을 짜서 쓰면 풍미가 좋다. 보통 레몬 1개당 3~4큰술의 레몬즙이 나온다.
- '식초'는 천연 식초를 썼다. 감식초, 현미식초, 사과식초 등을 썼는데 서로 대체 가능하다.
- '발사믹식초'는 단맛이 강한 포도즙을 나무 통에서 숙성시켜 만든 식초로,
  신맛은 물론 단맛과 특유의 풍미를 지녀 음식 맛을 풍부하게 한다.
- '화이트와인 식초'는 화이트와인으로 만든 식초로 과일향이 나고 맛이 부드럽다.
  없다면 천연 식초로 대체해도 된다.

[조리용 술]

맛술 / 청주 / 와인

- '맛술'은 단맛이 있고 알코올 농도가 낮은 요리용 술이다.
  청주로 대체 시 단맛 양념을 조금 추가한다.

- '청주'는 쌀을 발효시킨 술로 맛이 깔끔해 요리에 폭넓게 쓰인다.
  소주로 대체 가능하며, 맛술로 대체 시에는 단맛 양념을 조금 줄인다.

- '와인'은 마시고 남은 것을 사용하면 된다. 청주로 대체해도 되는데, 와인 특유의 향은 없다.

[기름 재료]

현미유 / 올리브유 / 참기름 / 들기름 / 들깻가루 / 통깨 / 검은깨

- '현미유'는 현미의 쌀겨를 활용해 만든 식용유로 발연점이 높아 튀김 또는 볶음 등의
  고온 요리에 적당하다. 포도씨유나 다른 식물성 기름으로 대체 가능하다.

- '올리브유'는 특유의 향이 있어 양식 요리에 활용하면 좋다. 잘못 보관하면 산패될 수 있으니
  반드시 뚜껑을 잘 닫아 그늘지고 서늘한 곳에 보관한다. 올리브유가 없을 때에는
  다른 식물성 기름을 써도 된다. 샐러드의 주재료인 채소나 과일과의 궁합이 좋다.

- '참기름'과 '들기름'은 주로 요리의 마지막에 넣어 풍미를 더한다.
  특히 들기름은 쉽게 산패되니 뚜껑을 꼭 닫아 냉장 보관한다. 샐러드나 나물 무침용으로 적당하다.

- '들깻가루'는 들깨의 진한 풍미, 걸쭉한 농도, 영양적 이점도 있어 한식 채식 요리에 자주 쓰인다.
  쉽게 산패되니 밀봉해 냉동실에 보관한다. 거피한(껍질 벗긴) 고운 들깻가루가 요리에 쓰기는
  더 좋은데, 일반 들깻가루(껍질째 간 것)를 써도 된다.

- '통깨'와 '검은깨'는 토핑으로 잘 활용하면 요리도 멋스러워지고, 채식에 부족하기 쉬운
  불포화지방도 더할 수 있다.

[향신 재료]

다진 마늘 / 다진 파 / 다진 생강과 생강즙

- '마늘', '파', '생강'은 즉석에서 다져 넣으면 향이 좋으나 번거롭기 때문에 한 번에 다져 놓고
  사용하기도 한다. 단, 너무 오래되면 향이 날아가고 산패될 수 있으니 조금씩만 다져 냉장해서 쓰거나,
  넉넉히 다져 얼음틀(아이스 메이커)에 1작은술씩 넣어 냉동했다가 쓰면 편하다. (36쪽 참고)
  단, 드레싱이나 나물 양념 등에 넣을 때는 바로 다져 쓰는 것을 권한다.

- '생강'은 채소의 찬 성질을 보완해주는 따뜻한 성질이 강한 향신 재료라서 채식에 두루 쓰인다.
  다진 생강을 쓰기도 하고, 생강즙을 쓰기도 한다. 생강즙은 생강을 강판에 간 후 짜서 쓰는데,
  즙이 별로 나오지 않는다면 생강 간 것에 물을 조금 더해 촉촉하게 적신 후 짜면 된다.
  오래 보관하기 용이한 생강가루를 사용해도 좋다. 생강가루는 따뜻한 성질은 있지만,
  생강즙에 비해 풍미가 약하다.

2 ── 채식에 자주 쓰는 조금 낯설지만 건강한 재료들

채식의 대륙을 탐험하는 즐거움 중 하나는 새로운 식재료를 만나는 재미이다. 처음에는 낯설지만
자주 사용하다보면 익숙해지고, 이런 맛을 즐길 수 있다는 것만으로도 행복해질 것이다.
같은 재료라도 각 브랜드마다 맛이 조금씩 다르니 여러 브랜드 제품을 요리에 활용해본 후
취향에 맞는 것을 고르면 된다.

[면 / 쌈]

현미면 / 글루텐에 알레르기 반응이 있거나 밀가루 소화가 잘 안되는 이들, 또는 현미의 영양을 보다
다양하게 즐기고 싶은 이들을 위한 아이템. 밀가루 면보다 조금 더 쫄깃하고 달라붙는 성질이 있다.

통밀면 / 정제 탄수화물은 영양이 적고 소화가 빨리 되기 때문에 대사증후군의 주범이다. 껍질째 가공한
통밀로 만든 국수로 조금 거친 식감과 맛, 영양을 즐겨보자. 일반 면보다 조금 더 힘이 있고 쫄깃하다.

두부면 / 두부로 만든 면이라 밀가루가 잘 맞지 않는 이들이나 다이어터들에게 좋다. 국수 요리는 물론
쌈밥이나 스프링롤 속 재료로도 잘 어울린다. 소면이나 스파게티 대신에는 얇은 두부면을, 칼국수나
페투치네, 우동면 대신에는 굵은 두부면을 사용하면 된다.

쌈두부 / 두부를 곱게 갈아 물기를 제거한 후 압착해 만든 얇은 두부로, 다양한 속 재료를 넣어
쌈으로 즐기면 좋다.

[가루] ────────────────

현미가루 / 도정한 벼의 겉껍질인 왕겨만 벗겨내고 가공한 것으로 현미의 영양을 고스란히 섭취할 수 있다.
일반 쌀가루에 비해 누런색이 나고 다소 거칠면서 단맛이 적다.

통밀가루 / 통밀을 가루낸 것으로 하얀 밀가루보다 질감이 거칠고 영양은 풍부하다. 쫄깃한 식감을 내려면
많이 치대거나 전분을 추가하는 것이 좋다. 브랜드에 따라 거친 정도와 맛의 차이가 많이 난다.

타피오카전분 / '카사바'의 뿌리에서 얻은 전분. 아밀로스 성분이 다른 전분보다 수분을 잘 흡수해
투명하면서 접착력이 뛰어난 요리의 질감을 연출할 수 있다. 비건 모짜렐라 치즈를 만들 때 사용한다.
요리에 전분이 들어가는 경우, 감자나 고구마 등의 전분 대신 타피오카전분을 써도 된다.

스피룰리나 가루 / 단백질이 풍부한 녹조류로 체질을 알칼리성으로 바꿔주는 최고의 다이어트 식품이다.
노화 방지, 다이어트, 콜레스테롤 수치 저하에 효과가 있는 슈퍼푸드이다.

[비건 밀크] ────────────────

코코넛밀크(요리용) 또는 코코넛크림 / 코코넛 열매 안쪽의 하얀 과육을 응축해서 만든 것으로
카레나 수프, 소스에 넣어 크리미한 질감을 연출할 수 있다. 보통 코코넛크림은 코코넛밀크(요리용)에서
수분을 줄여 농축해 만든 것으로 요리할 때 서로 대체가 가능하다. 단, 농도가 달라지니 물을 더해
조정하면 된다.

코코넛밀크(음료용) / 단맛이 강한 편이니 단맛이 적은 채소류로 스무디를 만들 때 넣거나, 우유 대용으로
라테나 푸딩 또는 비건 베이킹 재료로 사용하면 좋다. 그대로 얼려서 아이스크림으로도 즐길 수 있다.

귀리밀크 / 귀리의 풍미가 가득한 귀리밀크는 무지방 우유와 식감이나 농도가 비슷하다.
심혈관계 질환의 예방에 좋고, 칼로리가 낮으며 체지방 감소 효과가 뛰어나다.

아몬드밀크 / 우유의 카제인 단백질을 소화시키지 못하는 유당불내증을 가진 분들 또는 유제품 알레르기가
있는 분들도 안심하고 즐길 수 있는 아몬드로 만든 밀크이다. 미국에서는 두유보다 더 많이 애용되고 있다.

point **비건 밀크 선택하는 요령**

채식 요리 중 음료, 수프, 드레싱 등을 만들 때 비건 밀크가 다양하게 쓰인다. 구입할 때는 첨가물,
설탕 등이 들어가지 않은 제품을 고른다. 비건 밀크 중 두유와 코코넛밀크는 칼로리가 높은 편이고,
귀리밀크와 아몬드밀크는 낮은 편이다. 가당 코코넛밀크는 지방과 설탕 모두 많이 들어있어
다량 섭취하면 체중 증가의 원인이 될 수 있으니 주의하자.

[소스 / 양념 / 오일]

비건 마요네즈 / 두유와 식물성 오일, 식초나 레몬즙에 다양한 허브류를 넣어 만든다.
브랜드마다 들어가는 콩과 허브의 종류, 단맛의 강도가 차이가 난다.
* 직접 만들기 53쪽

홀그레인 머스터드 / 겨자씨를 거칠게 으깨거나 통으로 사용하고, 여러 가지 향신료를 더해
독특한 맛을 낸 소스이다. 요리에 넣으면 알싸한 맛과 겨자씨가 톡톡 터지는 새로운 경험을 선사해준다.

코코넛오일 / 코코넛오일은 코코넛 특유의 달콤한 향이 채소들과 잘 어울리기 때문에 채식에 많이
쓰이는 편이다. 발연점이 높아 볶음은 물론 튀김 요리에도 쓰기 적합하다. 정제 방식에 따라 질감이
조금씩 다른데, 저온 추출방식으로 비교적 빨리 추출한 제품이 좋다.

[그 외]

삶은 곤드레나물 / 말린 나물을 데치고 불릴 시간이 부족할 때 간편하게 이용할 수 있는 통조림 제품이다.
첨가물 없이 나물 그대로 멸균 처리가 되어있어 안전성, 편리함, 보관성까지 두루 갖췄다.
시래기, 고사리, 고구마순 제품도 있다.

템페(tempeh) / 청국장처럼 콩을 발효시켜 만든 인도네시아 음식. 단백질 급원으로 채식에서 많이
활용되는 식재료이다. 청국장에 비해 냄새가 나지 않으면서 고소하고 맛있어 템페만으로도
많은 요리를 할 수 있다.

비건 다크초콜릿 / 우유로 만든 버터 대신 두유를, 설탕 대신 감미료를 넣어 만든 무설탕 초콜릿으로
당 성분이 걱정되는 사람들에게 좋은 초콜릿이다. 착색료나 착향료를 넣지 않아 더욱 안전하다.

유기농 플레이크 / 샐러드나 수프 등의 요리에 토핑으로 활용하거나 비건 밀크와 함께 먹으면
한 끼 대용식으로 좋다. 채소들의 파이토케미컬 성분 중 하나인 컬러 성분들을 추출하여 곡물에 코팅해
오색의 영양을 더했다. 모두 유기농 곡물과 채소로 만들었다.

3 채식의 맛을 풍성하게 하는 허브 & 향신료

음식의 맛과 영양을 상승시키고 치우친 성질을 보완하는 것이 허브와 향신료의 역할이다.
특히 채식 재료들은 육류에 비해 성질이 다소 차기 때문에 따뜻한 성질의 향신료들을 넣어
조리하면 좋다. 또한 육류 요리에 비해 단조로운 맛에 다채로운 풍미를 더해준다.

1 고수 Cilantro
식욕을 증진시키고 위장염과
위통을 치유하는 고수는
동남아시아 요리에 자주
등장한다. 쌀국수나 월남쌈,
커리의 맛을 풍성하게 하고,
샐러드드레싱의 독특한 향을
내는데도 좋다.

2 커리파우더 Curry powder
강황, 쿠민, 고수, 펜넬, 겨자,
생강, 클로브(정향), 후추 등을
가루 내어 혼합한 것.
취향에 따라 넛맥, 샤프란,
카다멈 가루도 넣어 풍미를
더할 수 있다.

3 딜 Dill
진정과 최면 작용이 뛰어난
딜은 소화를 촉진시키고, 구취를
없애주며 동맥경화·당뇨·고혈압을
예방하는 데 좋은 허브이다.
피클이나 드레싱의 맛과 향을
살리는데 좋다.

4 계핏가루 Cinnamon powder
지구에서 가장 오래된 향신료로
그만큼 방충·살균·해독작용이
뛰어나다. 뜨거운 성질로
찬 식재료의 온도를 올려주고
혈액 순환을 도우며
요리의 맛을 살려준다.

5 마늘가루 Garlic powder
살균·살충 작용이 뛰어난 마늘은
음식의 잡내를 없애주면서
감칠맛을 낸다. 해독 작용이
뛰어나 간을 보호하고, 피로를
풀어준다. 생마늘에 비해 보관이
편리하다.

6 오레가노(잎) Oregano
지중해 요리에 많이 사용되는
허브로 진통 진정과 해독,
방부 작용 등이 뛰어나다.
독특하고 쌉쌀한 맛이 토마토와
매우 잘 어울려 파스타나 피자에
자주 사용된다.

7 쿠민가루 Cumin powder
독특한 매운맛의 향신료로
소화를 촉진시키고 장에 가스가
차는 것을 막아주며 복통을
진정시키는 효과가 있다.
적은 양으로도 강한 맛을 내므로
소량만 사용하도록 하자.

8 파슬리(잎) Parsley
비타민과 칼슘이 다량 들어있다.
일반 파슬리는 쓴맛이 강하여
장식용으로 주로 사용되고,
요리나 가니시에는 향이 좋은
이탈리안 파슬리를 더 선호하는
편이다.

9 피클링 스파이스 Pickling spice
월계수잎, 고수, 클로브(정향),
후추, 겨자 등을 혼합하여 만든
향신료로 피클을 만들 때 간단하게
사용하기 좋다. 취향에 따라
피클 만들 때 다른 허브나 향신료를
추가할 수 있다.

10 구운 파프리카가루 Smoked paprika powder
잘 익은 파프리카를 훈제한 후
가루낸 것으로, 음식에 스모키한
풍미를 더하는 마법의 가루로
불린다. 비건 치즈 또는 비건
바비큐 요리에 사용하면 독특한
맛을 즐길 수 있다.

11 강황가루 Turmeric powder
카레의 노란색을 내는 강황은
어혈을 풀어주고 기를 통하게
한다. 소화를 돕고 담즙의 원활한
분비를 촉진시켜 체지방 분해를
도와주는 약재로도 사용된다.

12 애플민트 Applemint
사과와 박하가 섞인 향이 나는
허브로 페퍼민트보다 부드러운
향을 낸다. 두통을 다스리고,
구내염과 인후염에 좋으며
감기 초기에 차로 마시면 좋다.

4 —— 채식에 다양하게 쓰이는 홈메이드 식품들

채식 생활을 일상적으로 즐기기 위해 필요한 몇 가지 레시피를 소개한다. 처음에는 만들기 번거롭게 느껴지겠지만, 반복하다보면 밥을 짓는 것처럼 단순한 일상의 작업이 된다. 마트에서 간단히 사서 먹는 것들과는 달리 내가 직접 향과 색, 질감을 조절하며 만드는 재미 또한 즐길 수 있다. 가끔은 좋아하는 사람들에게 선물해도 좋은 아이템들이다.

비건 치즈(굳힌 것)

5가지
비건 치즈

비건 크림치즈

비건 파마산 치즈가루 레시피 50쪽

[비건 크림치즈 & 비건 치즈(굳힌 것)]

재료 ──────── 냉장 보관 2주 가능

캐슈너트 1/2컵(50g, 불린 후 70g), 코코넛밀크 1/2컵, 레몬즙 2큰술, 오레가노 1작은술(생 것이나 말린 가루),
다진 마늘 1작은술, 청국장가루 1작은술(생략 가능), 소금 1/2작은술, 통후추 간 것 약간
〈비건 치즈(굳힌 것)에만 들어가는 추가 재료〉 코코넛밀크 1/2컵, 한천가루 1큰술, 코코넛오일이나 식용유 약간(코팅용)
* 허브인 오레가노 대신 딜이나 타임 등 다양한 허브를 섞으면 새로운 풍미를 낼 수 있다.
* 구운 파프리카가루(1작은술)를 추가하면 더 맛있다.

비건 크림치즈 만들기

──────── **1** 캐슈너트는 찬물에 2시간 이상 불리거나, 뜨거운 물에 30분간 불린다.
1/2컵(50g)을 불리면 70g이 된다. 불린 캐슈너트를 체에 밭쳐 물기를 뺀다.
* 캐슈너트를 불리면 부드럽고 크리미한 식감이 난다. 만들기 전날 물에 담가 하룻밤 정도 불리면 더 좋다.
2 푸드 프로세서에 모든 재료를 넣고 곱게 간다. 냉장고에서 2~3시간 굳히면 비건 크림치즈가 완성된다.
* 비건 크림치즈에 왼쪽 사진처럼 말린 베리류를 섞어 굳히면 비주얼도 예쁘고 맛도 상큼한 크림치즈가 된다.

비건 치즈(굳힌 것) 만들기

──────── **3** 냄비에 ②에서 갈아놓은 것, 코코넛밀크(1/2컵), 한천가루를 넣고 섞어 중간 불에서 끓어오르면 저어가며 2분간 끓인다.
4 납작한 그릇 안쪽에 코코넛오일을 발라 코팅한다.
5 ③을 그릇에 담는다.
6 그릇을 종이포일로 감싸 냉장고에서 2~3시간 이상 굳혀 비건 치즈(굳힌 것)을 완성한다. 먹기 좋게 썰어 먹으면 된다.
* 굳은 치즈 겉면에 왼쪽 사진처럼 허브가루와 소금을 뿌려 보관하면 맛도, 모양도 좋아지고 저장 기간도 늘어난다.

[비건 파마산 치즈가루]

재료 ——— **냉동 보관 1개월 가능**

캐슈너트 1컵(100g), 청국장가루 1큰술(또는 영양효모), 마늘가루 1작은술, 소금 1작은술

만들기 ——— 푸드 프로세서에 모든 재료를 넣고 갈아 밀폐용기에 담아 냉동실에 보관한다.

[비건 모짜렐라 치즈(그대로 먹거나 토핑용)]

재료 ——— **냉장 보관 2주 가능**

캐슈너트 1/2컵(50g, 불린 후 70g), 코코넛밀크 1컵, 타피오카전분 2큰술, 레몬즙 2큰술,
다진 마늘 1작은술, 오레가노 1작은술(생 것이나 말린 가루), 청국장가루 1작은술(생략 가능),
소금 1/2작은술, 통후추 간 것 약간

만들기 ——— 1 캐슈너트는 찬물에 2시간 이상 불린다. 뜨거운 물에 30분간 불려도 된다.
　　　　　　　1/2컵(50g)을 불리면 70g이 된다. 불린 캐슈너트를 체에 받쳐 물기를 뺀다.
　　　　　　　* 캐슈너트를 불리면 부드럽고 크리미한 식감이 난다.
　　　　　　　만들기 전날 물에 담가 하룻밤 정도 불리면 더 좋다.
　　　　　　2 푸드 프로세서에 모든 재료를 넣어 곱게 간 후 냄비에 넣는다.
　　　　　　　중간 불에서 끓어오르면 1~2분간 저어가며 끓인다.
　　　　　　3 아이스크림 스쿱으로 치즈를 떠서 그대로 얼음 물에 살짝 담가 급속 냉동시킨다.
　　　　　　　* 얼음물에 담가 겉면을 급속 냉동시켜야 더 탱글탱글한 식감의 치즈가 된다.
　　　　　　4 치즈를 건져서 물기를 턴 후 종이포일로 감싸 냉장 보관한다.

[비건 모짜렐라 치즈소스(디핑소스나 토핑용)]

재료 ——— **냉장 보관 2주 가능**

코코넛밀크 1/2컵, 무가당 두유 1/2컵(또는 다른 비건 밀크), 레몬즙 1큰술,
타피오카전분 2큰술, 청국장가루 1작은술(생략 가능), 마늘가루 1/2작은술,
소금 1/2작은술, 오레가노 1/2작은술(생 것이나 말린 가루)
* 구운 파프리카가루(1/4작은술)를 추가하면 더 맛있다.

만들기 ——— 냄비에 모든 재료를 넣고 섞은 후 중간 불에서 끓어오르면 저어가며 1분간 끓인다.
　　　　　　　* 피자 등에 올리면 흐르는 질감을 연출할 수 있다.
　　　　　　　냉장고에 넣어 다소 굳어질 경우 다시 끓이면 흐르는 질감이 된다.

tip **비건 치즈 활용 메뉴들**

애호박 허브 토마토치즈롤(66쪽), 당근구이(70쪽), 파인애플 라임구이(74쪽), 알배기배추 자몽 샐러드(97쪽),
레인보우 오픈 샌드위치(99쪽), 파프리카 현미밥(107쪽), 두부 치아바타 파니니(109쪽), 두유 코코넛 크림파스타(143쪽),
비건 오믈렛(145쪽), 임파서블 현미 버거(151쪽), 브레드볼 콜리플라워리조또(155쪽), 연근 브로콜리 피자(173쪽)

비건 모짜렐라 치즈소스

비건 모짜렐라 치즈

[견과 마요네즈]

재료 ——— 냉장 보관 2주 가능

견과류 1컵(100g, 캐슈너트, 땅콩, 아몬드 등), 비건 밀크 1컵(두유, 귀리밀크,
아몬드밀크, 코코넛밀크 등), 설탕 1작은술, 소금 1/2작은술, 레몬즙 2큰술(또는 식초)

만들기 ——— 푸드 프로세서에 모든 재료를 넣고 곱게 간다.

* 견과류와 비건 밀크의 종류에 따라 식감과 질감의 차이가 난다.
되직한 질감을 원하면 비건 밀크의 양을 줄인다.
* 파슬리 또는 고수를 넣으면 독특한 풍미를 더할 수 있다.

[두부 마요네즈]

재료 ——— 냉장 보관 2주 가능

두부 1/2모(150g), 견과류 1/2컵(50g, 캐슈너트, 땅콩 등),
셀러리줄기 20cm, 레몬즙 또는 식초 1큰술(금방 먹을 때는 레몬즙을,
두고 먹을 때는 식초를 사용), 머스터드 1큰술, 조청 2큰술,
올리브유 2큰술(또는 현미유), 강황가루 1작은술(생략 가능), 소금 약간
* 색감을 더 노랗게 하고 싶으면 강황가루의 양을 조금 늘린다.

만들기 ——— 푸드 프로세서에 모든 재료를 넣고 곱게 간다.

[두유 마요네즈]

재료 ——— 냉장 보관 2주 가능

두유 1/3컵, 견과류 1/2컵(50g, 캐슈너트, 땅콩 등), 설탕 1큰술,
소금 1작은술, 비트가루 1/2작은술(생략 가능),
레몬즙 2큰술(또는 식초), 머스터드 1큰술, 올리브유 1컵(또는 현미유)
* 비트가루, 소금, 식초의 양은 취향에 따라 조절한다.
* 비트가루 대신 녹차가루, 양배추가루, 쑥가루 등을 넣으면
다채로운 색깔의 건강한 마요네즈를 만들 수 있다.

만들기 ——— 1 두유에 설탕, 소금을 넣고 가루가 녹을 때까지 잘 저어준다.

2 푸드 프로세서에 ①과 견과류, 비트가루, 레몬즙, 머스터드를 넣고 살짝 간다.

3 절반쯤 갈리면 푸드 프로세서 뚜껑을 열고 올리브유 1/3분량을 넣고
충분히 섞일 때까지 작동한다. 같은 방법을 2번 더 반복해 완성한다.

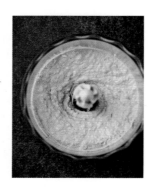

견과 마요네즈

두부 마요네즈

두유 마요네즈

tip **저자가 추천하는 또 다른 맛의 비건 마요네즈**

다양한 비건 마요네즈 중 저자가 가장 자주 만드는 매콤하고
향긋한 비건 마요네즈를 소개한다. 만드는 법은 캐슈너트(1/2컵),
피칸이나 호두(1/2컵), 코코넛밀크(1컵), 레몬즙(2~3큰술),
소금(1/2작은술), 청양고추(1/2개), 고수(20g)를 푸드 프로세서에
넣고 곱게 간다. 단맛을 원하면 설탕을 조금 추가해도 좋고,
자극적인 맛이 부담된다면 청양고추와 고수는 빼도 된다. 되직한
질감을 원하면 코코넛밀크의 양을 줄인다.

비건 마요네즈 활용 메뉴들

레인보우 오픈 샌드위치(99쪽), 템페 참치맛 샌드위치(111쪽),
떡 샐러드(123쪽), 으깬 감자와 방울양배추구이(131쪽),
매콤한 비건 타코(170쪽), 케일 사과 샐러드(188쪽),
비건 스시(193쪽), 사과 셀러리 스무디와 꽃 샐러드(212쪽)

[후무스]

재료 ────── 냉장 보관 2주 가능

삶은 병아리콩 1컵(삶는 법 117쪽, 병조림이나 통조림도 가능), 통깨 2큰술,
콩 삶은 물 2큰술(또는 생수), 레몬즙 1큰술, 올리브유 3큰술,
강황가루 1작은술, 소금 1/3작은술, 다진 마늘 1작은술
• 후무스(hummus)는 삶은 병아리콩을 으깨 만드는 스프레드겸 디핑소스.
중동지역에서 즐겨 먹으며, 채식에서도 많이 사용된다.

만들기 ────── 1 푸드 프로세서에 모든 재료를 넣고 곱게 간다.
    • 농도가 너무 뻑뻑하면 콩 삶은 물(또는 생수)을 1~2작은술 정도 더 넣는다.

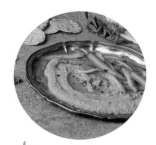

tip 후무스 활용 메뉴들

오이 자색고구마롤(67쪽),
후무스를 곁들인 컬러풀 채소와
수박 피자(176쪽)

[모둠 채소피클]

재료 ────── 냉장 보관 1개월 가능

모둠 채소(오이, 파프리카, 새송이버섯, 적양파 각 1개씩),
물 4컵, 식초 1컵, 소금 3큰술, 설탕 3큰술, 생강(마늘크기) 1톨,
피클링 스파이스 2작은술, 월계수잎 3장(생략 가능),
딜 2줄기(생략 가능), 말린 과일 약간(생략 가능)
• 피클 채소는 가짓수를 줄여도 된다. 단, 분량을 전체 분량과 비슷하게 맞춘다.
• 생강은 채소의 찬 성질을 잡아주고 살균 효과도 있으니 꼭 넣도록 하자.

만들기 ────── 1 냄비에 물, 식초, 소금, 설탕, 생강, 피클링 스파이스, 월계수잎을 넣고
    센 불에서 끓어오르면 불을 끄고 한김 식힌다.

2 피클용 채소는 모두 0.7cm 두께로 채 썬다.

3 소독한 유리병(소독법 105쪽)에 채소를 세워 담고 딜과 말린 과일을 올린 후
    ①의 피클물을 붓는다. 냉장고에서 하룻밤 숙성시킨 후 먹을 수 있다.
    • 피클을 오래 두었다가 먹을 경우에는 맨 위를 딜과 함께 마늘 슬라이스로
    덮어두면 좋다.
    • 설탕을 적게 넣는 대신 붉은 색감의 건과일류를 넣어주면 맛도, 보기도 좋다.

[생강피클]

재료 ────── 냉장 보관 1개월 가능

생강 200g, 절임물(식초 1과 1/2컵, 설탕 6큰술, 소금 1큰술, 맛술 3큰술)

만들기 ────── 1 생강을 잘 씻은 후 최대한 얇게 모양대로 썬다.
    • 생강은 껍질째 써도 되고, 껍질을 벗겨서 사용해도 된다.
    껍질을 벗기면 생강의 따뜻한 성질이 상승된다.

2 작은 냄비에 절임물 재료를 넣고 골고루 섞어 중간 불에서 3분간 끓인다.

3 소독한 유리병(소독법 105쪽)에 ①의 생강을 넣고 절임물을 붓는다.
    식으면 냉장 보관하고, 하루가 지나면 먹을 수 있다.

tip 비건 피클 활용 메뉴들

당근 시금치롤(66쪽),
케일 쌈밥 롤(105쪽),
비건 스시(193쪽)

[두부 된장]

재료 ─────── 냉장 보관 3개월 가능

두부 부침용 1모(300g), 된장 300g(전통 방식으로 담근 옛날식 된장)

만들기 ─────── 1 두부는 면포로 감싸 물기를 없앤다.

2 두부를 1cm 두께로 썬다.

3 유리용기에 된장 → 자른 두부 → 된장 → 자른 두부 → 된장 순으로 켜켜이 담는다.
뚜껑을 잘 닫아 밀폐시킨 후 냉장고에서 15일간 발효시킨다.

* 완성된 두부 된장 맨 위에 죽염이나 굵은 소금을 뿌리면 곰팡이가 생기는 것을
막을 수 있다. 흰 곰팡이가 피는 경우가 종종 있는데, 걷어내고 먹으면 괜찮다.

* 두부와 된장이 발효되어 두부 치즈처럼 되는데 그대로 먹어도 맛있다.
된장국 끓일 때나 나물 무칠 때 양념 대신 넣어도 좋고, 밥을 볶을 때 넣어도 맛을 살려준다.

tip

**고혈압, 당뇨, 뱃살 등
대사증후군 잡는 비법 된장차**

저자가 TV 건강 프로그램에 출연해
소개하여 큰 화제가 되었던 건강 비법.
두부 된장(1작은술)을 온수(1/2컵)에
타서 기상 후 또는 공복 시 매일 1~3회
정도 마시면 당뇨와 고혈압,
복부 비만(뱃살), 소화 장애 개선에
뛰어난 효과가 있다.

두부 된장 활용 메뉴들

곤드레 연잎밥과 두부 된장차(119쪽),
우거지 된장밥(132쪽),
미소된장 단호박수프(161쪽),
시래기 두부 된장지짐(209쪽)

채소국물
(채수)

tip 채소국물 활용 메뉴들
얼큰한 버섯 누룽지탕(135쪽),
채소 감자탕(137쪽),
오색고명 물국수(139쪽),
두부 미나리 들깨 국수(141쪽),
얼큰한 버섯 들깨탕(165쪽),
채소 샤부샤부(166쪽),
비트수프(197쪽),
렌틸 토마토수프(197쪽)

재료 ——————— 완성량 약 3~4컵, 냉장 보관 7일 가능

말린 표고버섯 1개, 다시마 5×5cm 1~2장, 무 1토막(100g), 물 4컵(800㎖)

만들기 ——————— **1** 냄비에 채수 재료를 넣고 중간 불에서 끓어오르면 약 15~20분간 끓인다.

2 체로 건더기를 건져낸다.

3 유리 밀폐용기에 담아 냉장 보관한다.

＊이 레시피는 소량을 빠르게 만드는 방법이다. 보다 자세한 내용은 아래 포인트를 확인하자.

＊다시마에는 알긴산이라는 미끈미끈한 성분이 있어 단백질의 소화·흡수를 방해하므로 오래 끓이지 않는 것이 좋다.

point **채수 낼 때 알아두어야 할 것들**

좀 더 진한 국물 맛을 원한다면 물은 15컵으로 늘리고 말린 표고버섯 4~5개, 말린 다시마 3장,
무 1토막(100g), 양파 1/2개, 생강(마늘크기) 1톨을 넣어 중간 불에서 끓어오르면
약한 불에서 약 1시간 정도 뭉근하게 끓이면 된다. 끓기 시작해 15분 정도 지나면, 다시마 먼저 건진다.

채수를 낼 때는 다양한 채소를 더할 수 있다. 자투리가 많이 남는 당근과 양배추를 더하면
훨씬 입체적인 맛을 내며, 소화 기능도 좋게 해준다. 감기 예방을 위해서는 흰 파뿌리를 넣는다.
해열과 발한 작용이 뛰어나 감기 바이러스로부터 빨리 탈출시켜준다.

한 번에 많은 양의 채수를 미리 끓여 냉장이나 냉동했다가 요리에 활용하면 편하다.
육수는 10시간 이상 고아야 제맛이 나지만, 채수는 너무 오래 끓이면 오히려 영양이 파괴되고
불용성 성분들이 필요 이상으로 빠져나와 국물 맛이 탁해지고 소화에 방해가 되기도 한다.

채수를 대량으로 끓일 때는 물에 채소를 넣고 끓기 시작하면 불을 줄여 은근한 불로 1~2시간 정도
조직이 부드러워질 때까지 끓이는 게 좋다. 이때 조직이 흐물흐물해질 정도로 끓일 필요는 없다.
뿌리채소나 껍질이 두꺼운 채소는 2시간, 잎채소나 줄기채소는 1시간을 넘기지 않도록 하자.

5 ── 이 책에 소개한 여러 가지 채식 소스들

채식을 더 풍성하게 해줄 각양각색 소스들. 양념, 허브, 향신료, 채소, 과일 등의 다양한 조합을 통해 만든
저자의 비법 소스들을 모두 모았다. 참 맛있고 새로운 것들이 많다. 이것만 잘 활용해도 채식 연습이
더 쉬워지고 즐거워진다.

빵, 크래커, 채소 스틱을 찍어 먹으면 맛있는 고소한 소스

- 바나나 밀크소스(66쪽)
- 허브 토마토치즈(66쪽)
- 허브 후무스(67쪽)
- 양파 크림소스(69쪽)
- 오렌지크림(75쪽)
- 구운 가지 디핑소스(101쪽)
- 비건 치즈 오리엔탈소스(109쪽)
- 캐슈 생강 레몬소스(115쪽)
- 갈릭 마요 머스터드소스(131쪽)
- 땅콩 간장 디핑소스(166쪽)
- 비건 마요 발사믹소스(170쪽)
- 캐슈크림 겨자소스(179쪽)

생채소에 가볍게 뿌려 먹기 좋은 새콤달콤 소스

- 토마토 오리엔탈소스(64쪽)
- 아몬드 생강소스(65쪽)
- 참기름 레몬소스(67쪽)
- 레몬 메이플소스(75쪽)
- 발사믹 오리엔탈소스(79쪽)
- 참기름 매실소스(82쪽)
- 참깨 레몬드레싱(95쪽)
- 발사믹 매실드레싱(97쪽)
- 파인애플 두유드레싱(123쪽)
- 발사믹 메이플소스(131쪽)
- 새콤 달래간장(141쪽)
- 발사믹 간장소스(164쪽)
- 레몬 오일드레싱(188쪽)
- 새콤 미소드레싱(196쪽)
- 오이 갈릭 마요드레싱(212쪽)
- 들기름 매실드레싱(213쪽)

샌드위치, 토스트, 피자에 스프레드로 활용하기 좋은 소스

- 허브 토마토치즈(66쪽)
- 허브 후무스(67쪽)
- 양파 크림소스(69쪽)
- 코코넛 메이플소스(74쪽)
- 갈릭 마요 머스터드소스(131쪽)
- 비건 바비큐소스(149쪽)
- 비건 마요 발사믹소스(170쪽)
- 프레쉬 토마토소스(172쪽)
- 매콤 토마토소스(179쪽)
- 캐슈크림 겨자소스(179쪽)

구운 채소나 두부에
곁들이면 맛있는
묵직한 맛의 소스

- 양파 크림소스(69쪽)
- 된장 생강소스(70쪽)
- 토마토 고추장소스(70쪽)
- 허브 코코넛소스(78쪽)
- 발사믹 오리엔탈소스(79쪽)
- 매콤 오리엔탈소스(82쪽)
- 아몬드 향신간장소스(83쪽)
- 비건 치즈 오리엔탈소스(109쪽)
- 파인애플 두유드레싱(123쪽)
- 갈릭 마요 머스터드소스(131쪽)
- 비건 바비큐소스(149쪽)
- 발사믹 간장소스(164쪽)
- 땅콩 간장 디핑소스(166쪽)
- 비건 마요 발사믹소스(170쪽)
- 갈릭 발사믹소스(177쪽)
- 매콤 토마토소스(179쪽)
- 캐슈크림 겨자소스(179쪽)
- 새콤 미소드레싱(196쪽)

한식의 맛을 담은 소스

- 된장 생강소스(70쪽)
- 토마토 고추장소스(70쪽)
- 참기름 매실소스(82쪽)
- 매콤 오리엔탈소스(82쪽)
- 아몬드 향신간장소스(83쪽)
- 아몬드 된장양념(117쪽)
- 두부 된장 비빔장(132쪽)
- 새콤 달래간장(141쪽)
- 땅콩 간장 디핑소스(166쪽)
- 비건 불고기양념(189쪽)
- 매실 고추 초간장(200쪽)
- 들깨 비빔장(201쪽)
- 들기름 매실드레싱(213쪽)

tip
이런 것도 채식으로 만들어요!

- 채소구이 시즈닝 믹스(78쪽)
- 비건 미트볼_렌틸볼(125쪽)
- 비건 크림 파스타소스(143쪽)
- 비건 달걀(145쪽)
- 비건 스테이크_현미밥 스테이크(149쪽)
- 비건 스크램블_두부 스크램블(202쪽)

STEP 3

채식 연습 3단계

채소 감수성 키워주는
채식 시작하기

본격적인 채식의 시작인 3단계에서는 채소 감수성을 키워주는 메뉴를 담았다.
익숙한 채소들을 가지고 기존의 요리법에서 벗어나 새로운 방식으로 교감해보자.
조금 낯설겠지만 새로운 매력을 발견할 것이다.
채소롤, 뿌리채소구이, 과일구이, 채소 스테이크, 채소국수 등
이제 막 채식을 시작한 이들이 간단한 조리법만으로 채소 본연의 맛을 즐길 수 있도록
레시피를 구성했으니 가벼운 마음으로 채식을 시작해보자.

6가지 채소롤

채소 감수성을 높여줄 첫 번째 요리로 채소 요리에 대한 고정관념을 깨뜨려줄 시도를 해보자.
'아, 이렇게 즐기는 방법이 있네!' 하는 감탄사가 절로 나올 다양한 채소롤 레시피를 소개한다.

가지 두부롤 + 토마토 오리엔탈소스
레시피 64쪽

오이 생채소롤 + 아몬드 생강소스
레시피 65쪽

당근 시금치롤 + 바나나 밀크소스
레시피 66쪽

애호박 허브 토마토치즈롤
레시피 66쪽

새송이 무화과롤 + 참기름 레몬소스
레시피 67쪽

오이 자색고구마롤
레시피 67쪽

가지 두부롤 + 토마토 오리엔탈소스 ─────── 건강에 좋은 컬러푸드, 가지.

가지의 보라색은 안토시아닌 성분으로 항균, 항산화, 항암 작용은 물론 시력 보호에도 효과적이다.
토마토는 가지와 특히 맛이 잘 어울리는 재료라서 가지롤에는 생토마토로 만든 색다른 소스를 더했다.

재료 ─────── 1인분

가지(중간크기) 1개, 두부 부침용 1/4모(약 70g), 쪽파 1줄기, 피망 1/2개, 당근 1/4개, 양파 1/4개,
소금 약간, 통후추 간 것 약간

〈토마토 오리엔탈소스〉 토마토(중간크기) 1/2개, 양조간장 1큰술, 레몬즙 1큰술, 참기름 1큰술, 다진 마늘 1작은술

만들기 ───────
1 가지는 필러나 칼로 얇게 슬라이스한다.

2 달군 팬에 가지를 넣고 중간 불에서 뒤집어가며 1~2분간 노릇하게 굽는다.
  넓은 접시에 담아 한김 식힌다.

3 토마토를 큼직하게 썬다. 모든 소스 재료를 푸드 프로세서에 넣고 곱게 간다.

4 두부는 0.5cm 두께로 가늘고 길게 썰어 면포나 키친타월 위에 올린 후 소금, 통후추 간 것을 뿌린다.
  이렇게 하면 밑간이 되면서 두부의 물기도 뺄 수 있다.
  * 시판 두부면(43쪽 참고)을 물기만 빼서 사용해도 된다.

5 쪽파, 피망, 당근, 양파는 5cm 길이로 가늘게 채 썬다.

6 도마 위에 가지를 펼쳐 놓은 후 두부, 채소를 올려 돌돌 말아 그릇에 담고 소스를 곁들인다.

오이 생채소롤 + 아몬드 생강소스 ──────── 시원하고 아삭한 오이와 풋풋한 채소들이

어우러져 상큼하게 즐길 수 있는 메뉴. 오이는 비타민C가 풍부하고 수분 함량이 95%나 되어 특히 한여름에 먹으면 좋다.
단, 몸을 좀 차갑게 할 수 있으니 부드러운 맛과 따뜻한 기운의 아몬드 생강소스를 곁들이자.

재료 ──────── 1인분

오이 1/2개(길게 슬라이스한 것 1/2개분), 셀러리줄기 15cm, 파프리카 1/3개, 팽이버섯 1줌(약 50g),
고수 2~4줄기(또는 깻잎이나 쑥갓)

〈아몬드 생강소스〉 아몬드 10개(또는 아몬드가루 3큰술), 레몬즙 1큰술(또는 과일 식초),
메이플시럽 1큰술(또는 조청), 다진 생강 1작은술, 다진 마늘 1작은술, 소금 1/2작은술, 통후추 간 것 약간

만들기 ──────── 1 모든 소스 재료를 푸드 프로세서에 넣고 곱게 간다.

　　　　* 아몬드는 찬물에 2시간 정도 불렸다가 갈면 더 부드럽게 갈린다.

2 셀러리줄기, 파프리카, 고수는 5cm 길이로 가늘게 채 썬다. 팽이버섯은 지저분한 밑동을 잘라낸다.

3 달군 팬에 팽이버섯, 물(1~2큰술)을 넣어 중간 불에서 숨이 죽을 정도로만 살짝 볶는다.

4 오이는 필러나 칼로 얇게 슬라이스해서 도마 위에 펼쳐 놓는다.
　 준비한 모든 채소를 넣어 돌돌 말아 그릇에 담고 소스를 곁들인다.
　 생채소라서 뻣뻣해 잘 풀어질 수 있으니 사진처럼 꼬치로 고정해 모양을 잡으면 편하다.

　　　　* 고수잎 일부를 잘게 다져 토핑으로 뿌리면 색다른 풍미를 즐길 수 있다.

당근 시금치롤 + 바나나 밀크소스 ——————— 뽀빠이도 즐겨 먹는 대표적인

스태미너 식품인 시금치와 눈 건강에 좋은 당근을 함께 요리해 색도, 맛도, 영양도 모두 잘 살린 메뉴.
생강피클이 개운하면서도 깊은 맛을 더하고, 바나나 밀크소스가 채소들의 만남을 부드럽게 감싸준다.

재료 ——————— 1인분

당근 1/4개(길게 슬라이스한 것 1/4개분), 생강피클 1/4컵(만들기 54쪽, 또는 시판 생강초절임이나 다른 피클류),
시금치 1줌(50g), 새싹채소 약간

〈바나나 밀크소스〉 바나나 1/2개, 무가당 두유 2~3큰술(또는 다른 비건 밀크), 레몬즙 1큰술, 올리브유 1큰술,
소금 약간, 통후추 간 것 약간

만들기 ——————— 1 냄비에 시금치 데칠 물(4컵)을 끓인다.

2 모든 소스 재료를 푸드 프로세서에 넣고 곱게 간다.

3 끓는 물에 시금치를 넣고 30초간 데친 후 체에 밭쳐 찬물에 헹궈 물기를 꼭 짠다.

4 당근은 필러나 칼로 얇게 슬라이스해서 도마 위에 펼쳐 놓는다.

5 당근에 데친 시금치와 생강피클을 넣어 돌돌 만다.
그릇에 새싹채소를 깔고 당근 시금치롤을 올린 후 소스를 뿌린다.

애호박 허브 토마토치즈롤 ——————— 강렬한 자외선 아래서도 강한 생명력을 자랑하는

애호박은 더위를 이기게 하는 대표적인 여름 채소. 소화 흡수가 잘 되기 때문에 위장이 약한 이들도 부담 없이 먹을 수
있고, 아이들에게도 좋다. 달큰한 애호박과 고소한 허브 토마토치즈가 환상적으로 어우러진 별미에 도전해보자.

재료 ——————— 1인분

애호박 1/2개(길게 슬라이스한 것 1/2개분), 라임이나 레몬 슬라이스 1조각(약 1/6개)

〈허브 토마토치즈〉 비건 크림치즈 3큰술(만들기 49쪽),
딜 1줄기, 방울토마토 5~7개

만들기 ——————— 1 애호박을 필러나 칼로 얇게 슬라이스한다.

2 달군 팬에 애호박을 넣고 중간 불에서 뒤집어가며 1~2분간 노릇하게 굽는다.
넓은 접시에 담아 한김 식힌다.

3 딜과 방울토마토는 다진다. 토핑용을 일부 남겨 놓고 비건 크림치즈에 섞는다.

4 도마 위에 애호박을 펼쳐 놓은 후 ③를 펴 바르고 돌돌 만다.

5 그릇에 롤을 세워 담은 후 덜어둔 방울토마토와 딜을 올린다.
라임이나 레몬을 곁들여 먹기 직전 즙을 뿌린다.

새송이 무화과롤 + 참기름 레몬소스 —————— 무화과는 식물성 콜레스테롤, 폴리페놀,
칼륨 등을 함유해 고혈압을 개선하고, 다량의 가바 성분이 기억력 및 학습 능력을 향상시킨다. 여기에 섬유소, 비타민C,
수분이 풍부한 새송이버섯을 더해 맛, 건강, 다이어트까지 만족시키는 메뉴를 만들었다.

재료 ——— 1인분

새송이버섯 1개, 냉동 무화과 1개(또는 반건조 무화과), 적양파 1/4개(또는 양파),
루꼴라 1줌(또는 어린잎채소, 50g), 꼬치 5개

〈참기름 레몬소스〉 레몬즙 1큰술, 참기름 1큰술, 메이플시럽 1작은술, 소금 약간, 통후추 간 것 약간

만들기 ——— 1 냉동 무화과는 실온에 두어 준비하는 동안 자연스럽게 해동시킨다.

2 냄비에 새송이버섯 데칠 물(2컵)을 끓인다.

3 새송이버섯은 칼로 얇게 슬라이스해 4~5조각으로 만든다.

4 무화과는 4~5등분한다. 적양파는 가늘게 채 썬다.
루꼴라는 씻어서 먹기 좋은 크기로 준비한다.

5 모든 소스 재료를 골고루 섞는다.

6 끓는 물에 슬라이스한 새송이버섯을 넣고 30초간 익힌 후
면포나 키친타월 위에 펼쳐 놓고 물기를 빼면서 한김 식힌다.

7 새송이버섯 위에 무화과를 1조각씩 올려 돌돌 말아 꼬치로 고정한다.

8 그릇에 루꼴라, 적양파를 담고 새송이 무화과롤을 올린 후 소스를 곁들인다.
  * 굵게 다진 피스타치오나 아몬드를 토핑하면 잘 어울린다.

오이 자색고구마롤 ————————— 오이에 풍부한 칼륨은 갈증 해소를 돕고 체내 노폐물을 배출하며,
비타민C는 피부 건강과 피로 회복에 좋다. 병아리콩을 으깨 만든 후무스는 아삭한 맛의 오이, 달달한 맛의 고구마와도
잘 어울린다. 노랑과 자색의 색감 조화도 참 예쁜, 손님상에 올려도 부족함 없는 메뉴이다.

재료 ——— 1인분

오이 1/2개(길게 슬라이스한 것 1/2개분), 자색고구마 찐 것 1개(또는 호박고구마),
라임이나 레몬 슬라이스 1조각(약 1/6개)

〈허브 후무스〉 후무스 2큰술(만들기 54쪽), 파슬리가루 1작은술, 소금 1/3작은술
* 후무스가 없다면 비건 마요네즈(만들기 52쪽)를 써도 된다.

만들기 ——— 1 볼에 후무스와 파슬리가루, 소금을 넣고 골고루 섞는다.
이때 토핑용으로 쓸 파슬리가루를 조금 남긴다.

2 찐 자색고구마는 으깬 후 식혀 지름 1.5~2cm 크기로 동그랗게 빚는다.

3 오이는 필러나 칼로 얇게 슬라이스해서 도마에 펼쳐 놓는다.

4 오이 슬라이스에 자색고구마를 얹어 돌돌 만다.

5 그릇에 롤을 세워 담은 후 ①의 허브 후무스를 올리고 남은 파슬리가루를 뿌린다.
라임이나 레몬을 곁들여 먹기 직전 즙을 뿌린다.

고구마구이 + 된장 생강소스
레시피 70쪽

콜라비구이 + 양파 크림소스
레시피 69쪽

당근구이 + 토마토 고추장소스
레시피 70쪽

3가지 뿌리채소구이

고기나 생선 없이 채소만 굽는다면 어딘가 심심하지 않을까? 물론 아니다. 막상 채소를 구워 먹어보면
이제껏 경험하지 못한 새로운 맛의 세계, 채소만이 가지고 있는 부드러운 단맛과 고소한 맛을 느끼게 된다.

콜라비구이 + 양파 크림소스 ——————— 콜라비는 양배추와 순무를 교배시킨 채소로

수분과 비타민C가 풍부하다. 줄기는 샐러드로, 잎은 쌈채소로 이용된다. 보통 생으로 먹는 경우가 많은데
구이로 즐겨보자. 독특한 콜라비만의 식감에 놀라게 될 것이다.

재료 ——————— 1~2인분

콜라비(중간크기) 1개(500g), 올리브유 2큰술, 소금 1/2작은술, 통후추 간 것 약간,
아몬드 슬라이스 1큰술, 파슬리가루 1큰술

〈양파 크림소스〉 캐슈너트 1컵(100g), 아몬드밀크 1/2컵(또는 다른 비건 밀크), 양파 1/4개,
레몬즙 1과 1/2큰술, 소금 1/2작은술, 통후추 간 것 약간

만들기 ——————— **1** 콜라비는 껍질을 벗기고 사방 2cm 크기의 깍두기 모양으로 썬다.
오븐을 200℃로 예열한다.

2 볼에 콜라비와 올리브유를 넣고 가볍게 섞는다.
오븐 팬에 종이포일을 깔고 콜라비를 올린 후 소금, 통후추 간 것을 뿌린다.
200℃로 예열된 오븐에 넣고 20분간 굽는다.
* 좀 더 부드러운 식감을 원한다면 5~10분 정도 더 구워도 된다.

3 모든 소스 재료를 푸드 프로세서에 넣고 곱게 간다.

4 그릇에 콜라비구이를 담고 아몬드 슬라이스와 파슬리가루를 뿌린 후
소스를 곁들인다.
* 칼슘이 많은 아몬드와 함께 섭취하면 맛과 영양면에서 좋다.

tip **오븐 대신 팬에서 굽는 법**

콜라비를 올리브유, 소금,
후춧가루를 넣고 버무려 밑간한다.
달군 팬에 넣고 중간 불에서
뚜껑을 덮어 5분간 익힌다.
중간중간 눌지 않게 팬을 흔들어준다.
뚜껑을 열고 약한 불에서 뒤집어가며
10~15분간 노릇하게 굽는다.

69

고구마구이 + 된장 생강소스 ──────── 고구마는 생으로 먹어도, 익혀 먹어도 모두 맛있다.

여기서는 이색적인 소스를 발라 오븐에 굽는 접근법을 소개한다. 익숙하면서도 새로운 맛의 조합을 즐겨보자.

재료 ────── 1~2인분

고구마(중간크기) 2개, 현미유 약간, 송송 썬 쪽파 1큰술(또는 다진 고수), 통깨 약간

〈된장 생강소스〉 코코넛오일 2큰술, 된장 1큰술, 다진 양파 1큰술, 다진 생강 2작은술

만들기 ────── 1 달군 팬에 코코넛오일을 녹인 후 된장, 다진 양파, 다진 생강을 넣고
중약 불에서 2~3분간 볶아 소스를 만든다.

2 고구마는 길게 반으로 잘라 현미유를 골고루 바른다. 오븐을 200℃로 예열한다.

3 고구마를 포크로 4~5회 구멍을 낸 후 오븐 팬에 종이포일을 깔고 올린다.
  * 포크로 구멍을 내면 소스가 고구마에 잘 스며든다.

4 200℃로 예열된 오븐에 ③을 넣고 20분간 굽는다.
오븐 팬을 꺼내 고구마 안쪽에 소스를 바른 후 다시 넣고 10분 더 굽는다.

5 그릇에 담고 송송 썬 쪽파와 통깨를 뿌린다.

tip 오븐 대신 팬에서 굽는 법

찐 고구마를 활용하면 된다. 고구마를 쪄서 반으로 썬 후 소스를 바른다.
달군 팬에 현미유(1큰술)를 두른 후 고구마를 넣고 중간 불에서 5분간 뒤집어가며 노릇하게 굽는다.

당근구이 + 토마토 고추장소스 ──────── 요리에서 늘 조연만 했던 당근을 이제 주연으로

내세워보자. 구운 당근은 기대 이상으로 달고 고소해 지금껏 몰랐던 당근의 색다른 매력을 느끼게 해준다.

재료 ────── 1~2인분

당근(중간크기) 2개, 비건 파마산 치즈가루 1/2큰술(만들기 50쪽), 파슬리가루 1/2작은술, 현미유 약간

〈토마토 고추장소스〉 토마토(중간크기) 1/3개, 양조간장 1/2큰술, 조청 1큰술, 고추장 1/2큰술,
참기름 1큰술, 계핏가루 1/2작은술, 다진 마늘 1/2작은술

만들기 ────── 1 오븐을 200℃로 예열한다. 당근은 2등분해서 앞뒤로 현미유를 바른다.
오븐 팬에 종이포일을 깔고 당근을 올린다.

2 200℃로 예열된 오븐에서 20분간 굽는다.

3 모든 소스 재료를 푸드 프로세서에 넣고 곱게 간다.

4 노릇하게 구워진 당근에 ③의 소스를 앞뒤로 바른 후 오븐에서 20분간 더 굽는다.

5 당근구이를 그릇에 담고 비건 파마산 치즈가루, 파슬리가루를 뿌린다.

tip 오븐 대신 팬에서 굽는 법

당근을 2등분해서 앞뒤로 현미유를 바른다. 달군 팬에 넣고 약한 불에서
뚜껑을 덮어 앞뒤로 각각 10분씩 익힌다. 뚜껑을 열고 약한 불에서 소스를 발라
뒤집어가며 10~15분간 노릇하게 굽는다. 당근의 두께에 따라 시간을 가감한다.

tip 다양한 뿌리채소의 효능과 조리법

콜라비 항노화, 항산화, 항염

- 칼슘이 풍부해 아이들의 골격 강화에 좋고 치아를 튼튼하게 해준다. 아몬드와 같이 섭취하면 칼슘 흡수율이 높아진다.
- 노화 예방에 좋은 비타민C, 활성산소 제거에 좋은 오메가3 지방산, 세포 재생에 좋은 비타민B가 풍부하다.
- 마늘, 오일과 함께 조리하면 영양도 맛도 상승한다. 현미와 함께 섭취하면 현미의 소화 흡수를 돕는다.
- 즙은 위산과다증에 효과가 있다.

무 소화 촉진, 해독, 해열, 항염

- 콜레스테롤을 체외로 배출하며, 저칼로리 식품으로 체중 감량에 효과적이다.
- 식중독 예방과 체내 독소 배출에 도움이 되며 풍부한 수분으로 숙취 시 회복을 돕는다.
- 다시마와 함께 조리하면 다시마의 칼륨과 무의 비타민C가 만나 혈관을 튼튼하게 해주고 고혈압을 예방한다.
- 오이, 당근 등과 함께 생으로 먹으면 이 채소들의 비타민C 파괴 효소 때문에 비타민이 손실될 수 있다.
  이를 방지하기 위해 조리할 때 식초나 레몬즙을 첨가한다.

당근 포만감, 소화 촉진, 시력 개선, 혈중 콜레스테롤 수치 저하, 항산화

- 비만에 효과적이며 피부 미용과 시력 보호에 좋다.
- 어린이들의 치아 보호, 충치 예방과 소화력 증진에 좋다.
- 기름에 볶으면 비타민A의 흡수율이 높아진다.
- 생당근 주스는 항암 작용을 하며, 당근잎은 단백질과 미네랄, 비타민이 풍부하므로 샐러드에 넣거나 차로 끓여 마신다.

비트 간 해독, 항염, 혈당 저하, 혈중 산소 소비율 증가, 심장병 위험 감소

- 비트 뿌리는 생으로 샐러드에 넣어 먹거나 가볍게 데치거나 구워 먹는다.
- 비트잎은 뿌리보다 비타민K와 베타카로틴이 많아 뼈와 혈관에 좋다.
- 시금치와 함께 샐러드에 넣으면 소화 증진 효과가 있다.
- 생비트 주스는 혈압을 낮추고 항암 작용을 하며, 당근과 함께 샐러드에 넣으면 갱년기 여성의 호르몬 보충에 좋다.

고구마 혈당 안정화, 피부 손상 방지, 면역력 증가, 항균

- 껍질에 영양이 많으니 깨끗하게 씻어 껍질째 먹는 것이 좋다.
- 자색고구마는 항산화, 항염에 효과적인 안토시아닌 성분이 풍부하다.
- 익힐 때 오일을 넣으면 베타카로틴과 같은 항산화 성분의 흡수율이 높아진다.
- 찌거나 삶아서 샐러드에 넣을 때 시금치, 후추, 발사믹소스와 함께 조리하면 맛과 영양의 궁합이 좋다.

우엉 항염, 항종양, 면역력 증강, 혈당 조절, 신장 보호

- 우엉의 이눌린은 혈당 조절력이 뛰어나 당뇨병에 좋다.
- 우엉의 리그닌 성분은 항암 작용과 함께 장을 깨끗하게 하는 효과가 있다.
- 껍질째 조리해야 영양 손실이 적다.

연근 항산화, 항염, 지방 분해, 지혈 작용, 니코틴 해독

- 단백질, 섬유질, 비타민B 군이 풍부하다.
- 철분이 풍부하여 빈혈 예방, 지혈 작용이 뛰어나다.
- 칼로리는 낮고 영양은 풍부한 다이어트 식품이다. 양배추, 비트와 함께 갈아 마시면 체중 감량에 특히 도움이 된다.
- 기미, 여드름에도 효과적이다.

3가지 과일구이 ———

과일은 신선한 상태에서 그대로 먹어야 영양소 파괴가 적지만, 때로는 조금 더 달콤하고
향기롭게 즐기고 싶은 날이 있다. 평소에 자주 먹는 과일들의 또 다른 식감과 풍미를 즐기는 재미,
그리고 다른 재료들과 어우러진 맛과 비주얼은 신선한 경험을 안겨준다.

파인애플 라임구이 + 비건 치즈소스
레시피 74쪽

사과 시나몬구이 + 코코넛 메이플소스
레시피 74쪽

바나나구이 + 오렌지크림
레시피 75쪽

파인애플 라임구이 + 비건 치즈소스 ─────── 항산화 성분과 비타민C가 풍부한

파인애플은 관절염을 예방하고 혈압을 낮춘다. 파인애플은 구우면 단맛이 강해지지만 새콤한 맛은 살짝 날아간다.
라임즙을 더해 상큼함을 살리고 고소한 비건 치즈소스를 곁들여 맛의 균형을 맞췄다.

재료 ──────── 1~2인분

파인애플 링 3개(300g), 라임 1/2개(또는 레몬), 홍고추 1과 1/2개(또는 빨간 파프리카 1/2개),
메이플시럽 2작은술, 코코넛오일 1큰술, 비건 모짜렐라 치즈소스 2큰술(만들기 50쪽, 또는 비건 크림치즈 49쪽)

만들기 ──────── 1 홍고추는 다진다.

2 달군 팬에 코코넛오일을 녹인 후 다진 홍고추, 메이플시럽을 넣어
  향과 색을 내며 약한 불에서 1분간 볶는다.

3 파인애플과 라임을 넣고 뚜껑을 덮은 후 약한 불에서 10~15분간
  뒤집어가며 노릇해질 때까지 굽는다.
  * 파인애플과 라임을 사진처럼 그릴 팬에 구워 구운 자국을 내도 예쁘다.
  이때는 ②의 소스를 발라가며 구워야 파인애플에 소스가 골고루 밴다.

4 그릇에 구운 파인애플과 라임을 담고 비건 모짜렐라 치즈소스를 곁들인다.
  먹을 때는 구운 라임즙을 파인애플 위에 뿌린 후 소스를 찍어 먹는다.

사과 시나몬구이 + 코코넛 메이플소스 ─────── 사과와 시나몬의 궁합은

오랫동안 사랑받아 왔다. 이 향긋하고 달콤한 메뉴는 몸과 마음을 따뜻하게 이완시키고 싶을 때 간단히 만들어 먹기
좋은 간식이다. 과일향 나는 홍차나 향이 좋은 커피에 곁들여 티 푸드로 즐겨도 잘 어울린다.

재료 ──────── 1~2인분

사과(중간크기) 2개, 다진 피칸 1/4컵(또는 다진 호두), 계핏가루 약간
〈코코넛 메이플소스〉 코코넛오일 1큰술, 메이플시럽 1큰술,
계핏가루 1작은술, 소금 약간

만들기 ──────── 1 사과를 깨끗이 씻어 껍질째 2등분한다. 오븐을 200℃로 예열한다.

2 볼에 모든 소스 재료를 넣고 골고루 섞는다.

3 오븐 팬에 종이포일을 깔고 사과를 올린 후 ②를 바른다.

4 200℃로 예열된 오븐에서 20분간 구워 접시에 담고
  다진 피칸과 계핏가루를 뿌린다.

바나나구이 + 오렌지크림 ─────── 달콤한 바나나구이에 오렌지 풍미 가득한 크림을

더해 사랑스러운 맛이 완성되었다. 일상이 무료하게 느껴질 때, 분위기 전환이 필요하거나 달달한 게 그리워지는 날,
혼자만의 시간을 즐기고 싶거나 누군가에게 달콤함을 선물하고 싶을 때 추천한다.

재료 ─────── 1~2인분

단단한 바나나 2개, 피스타치오 1/4컵(또는 아몬드), 코코넛오일 1큰술, 타임잎 약간(생략 가능)
• 단단한 바나나를 사용해야 완성 후 바나나의 모양이 살아있다.
〈레몬 메이플소스〉 레몬즙 1큰술, 메이플시럽 1큰술(또는 조청), 계핏가루 1/4작은술, 화이트와인 1작은술(또는 맛술)
〈오렌지크림〉 아몬드가루 1큰술(또는 코코넛가루), 오렌지주스 2~3큰술, 코코넛오일 1큰술, 강황가루 1작은술

만들기 ─────── **1** 바나나는 껍질을 벗겨 길게 반을 자른다. 코코넛오일을 코팅하듯 살살 바른다.
오븐을 200℃로 예열한다.

2 피스타치오는 잘게 다진다.
• 견과류를 다질 때 사진처럼 손으로 칼등을 덮으면 견과류가 튀는 것을 막을 수 있다.

3 3개의 볼을 준비해 각각의 볼에 다진 피스타치오, 레몬 메이플소스 재료 섞은 것,
오렌지크림 재료 섞은 것을 담아둔다.

4 오븐 팬에 종이포일을 깔고 바나나를 올린 후 레몬 메이플소스를 바른다.
200℃로 예열된 오븐에서 20분간 굽는다. 한김 식혀 그릇에 담고
오렌지크림을 올린 후 다진 피스타치오와 타임잎으로 장식한다.

tip **오븐 대신 팬에서 굽는 법**

바나나에 코코넛오일을 골고루 바른다. 달군 팬에 넣고 중간 불에서 앞뒤로 각각 1~2분씩 굽는다.
레몬 메이플소스를 발라가며 1~2분간 더 굽는다.

3가지 채소 스테이크 ————

일반 스테이크가 고기의 굽기 정도를 조절할 수 있듯이 채소 스테이크도
개개인의 취향에 따라 조리법과 색감, 질감을 다르게 할 수 있다. 익숙한 사람이
어느 날 근사한 정장을 차려 입고 향수를 뿌리고 나타났을 때 느껴지는
설렘처럼 내가 아는 채소가 그 모습이 전부가 아니었음을 깨닫게 될 것이다.

콜리플라워 스테이크 + 허브 코코넛소스
레시피 78쪽

표고 스테이크 + 비건 바비큐소스
레시피 79쪽

두부 스테이크 + 발사믹 오리엔탈소스
레시피 79쪽

콜리플라워 스테이크 + 허브 코코넛소스 ——————— 외계의 별에서 온 신비로운 나무

한 그릇를 보는 듯한 착각이 들게 만드는 콜리플라워 스테이크. 한입 맛보면 기대 이상으로 고소하고 맛있어서
깜짝 놀라게 된다. 콜리플라워는 비타민C와 섬유질이 풍부하고 항암 작용도 뛰어난 영양이 가득한 식품이다.

재료 ——————— 1인분

콜리플라워(중간크기) 1/2개(150g), 다진 파슬리 1작은술(또는 파슬리가루)

〈시즈닝 믹스〉 강황가루 1/2작은술, 마늘가루 1/2작은술, 구운 파프리카가루 1/2작은술(생략 가능),
소금 1/2작은술, 통후추 간 것 약간, 올리브유 1큰술

〈허브 코코넛소스〉 고수 30g, 이탈리안 파슬리 15g, 코코넛밀크 1/2컵(또는 코코넛크림),
발사믹식초 2큰술, 쿠민가루 1/2작은술, 고춧가루 1/2작은술, 다진 마늘 1작은술, 소금 1/3작은술,
통후추 간 것 약간, 올리브유 2큰술
* 취향에 따라 허브의 양이나 종류를 조절해도 된다.

허브 코코넛소스 만들기

—————— 1 소금, 통후추 간 것, 올리브유를 제외한 모든 소스 재료를
푸드 프로세서에 넣고 곱게 간다.
뚜껑을 열고 올리브유를 천천히 흘리듯 넣어 부드럽고 약간 걸쭉해질 때까지
간다. 소금, 통후추 간 것을 섞어 간을 맞춘다.

스테이크 만들기

—————— 2 콜리플라워는 줄기와 잎을 제거하고 사진처럼 2cm 두께로 썬다.
오븐을 200℃로 예열한다.

3 볼에 시즈닝 믹스를 섞는다.
콜리플라워에 시즈닝 믹스를 앞뒤로 골고루 바른다.
* 남은 콜리플라워는 더 잘게 부숴 콜리플라워 라이스로 활용할 수 있다.

4 오븐 팬에 ③을 올리고 200℃로 예열된 오븐에서 15분간 굽는다.

5 그릇에 콜리플라워를 담고 허브 코코넛소스를 뿌린 후 다진 파슬리를 뿌린다.

tip **밥 대신 콜리플라워 라이스**

콜리플라워를 강판이나 믹서로
갈아 볶음밥이나 리조또에 밥 대신
넣으면 다이어트식으로 좋다.

오븐 대신 팬에서 굽는 법

달군 팬에 현미유나 코코넛오일을
약간 두르고 종이포일을 올린다.
시즈닝 믹스를 바른 콜리플라워를 넣고
뚜껑을 덮어 약한 불에서 5~7분간
굽는다. 뚜껑을 열고 뒤집어서
중간 불에서 3~5분간 더 굽는다.

두부 스테이크 + 발사믹 오리엔탈소스 ─────── 구운 두부 위에 컬러풀한 채소를

토핑해 즐기는 메뉴. 채소는 다양한 색깔을 섞어 사용하자. 식물성 천연 색소들은 항산화, 항노화, 항암 작용이 뛰어난
파이토케미컬(phytochemicals) 성분을 갖고 있어 면역력을 높이고 질병을 예방하는 데 효과적이다.

재료 ─────── **1인분**

두부 부침용 1모(300g), 사과 1/2개, 적양파 1/3개(또는 양파), 로메인상추 3장,
소금 약간, 통후추 간 것 약간, 통깨 약간, 현미유 1/2큰술(또는 올리브유)

〈발사믹 오리엔탈소스〉 양조간장 1큰술, 발사믹식초 1/2큰술, 다진 마늘 1작은술,
매실청 1작은술, 참기름 1작은술, 통후추 간 것 약간

만들기 ─────── **1** 두부 윗면에 0.3cm 정도 깊이로 #모양의 잔칼집을 낸다.
반대쪽 면에도 같은 방법으로 잔칼집을 낸다. 면포나 키친타월을 깐 접시에
두부를 올린 후 소금, 통후추 간 것을 뿌려 밑간한다.
* 이렇게 하면 두부에 밑간이 되면서 물기도 뺄 수 있다.

2 사과는 껍질째 0.2cm 두께로 슬라이스하고 적양파는 가늘게 채 썬다.
로메인상추는 먹기 좋게 뜯어 놓는다.

3 볼에 모든 소스 재료를 넣고 골고루 섞는다.

4 달군 팬에 현미유를 두르고 두부를 넣어 중간 불에서 10~15분간 사방을 돌려가며 노릇하게 익힌다.
* 아토피가 있거나 칼로리를 낮춰 식사하고 싶다면 두부를 끓는 물에 데쳐도 된다.

5 그릇에 구운 통두부를 담고 사과, 적양파, 로메인상추를 올린 후 소스와 통깨를 뿌린다.

표고 스테이크 + 비건 바비큐소스 ─────── 버섯구이를 조금 더 격식 있게 즐기는 방법.

버섯 중에서도 맛과 향이 으뜸인 표고버섯을 사용해보자. 가급적 큰 것을 골라야 스테이크 느낌을 낼 수 있다.

재료 ─────── **1인분**

표고버섯(큰 것) 3~4개(약 100g), 레몬 1/4개, 참기름 1큰술, 소금 약간,
통후추 간 것 약간, 파슬리가루 1작은술, 현미유 약간(또는 올리브유),
비건 바비큐소스 4큰술(만들기 149쪽)

만들기 ─────── **1** 표고버섯은 기둥을 떼어내고 위에 열십(+)자로 칼집을 낸다.
참기름, 소금, 통후추 간 것을 섞어 앞뒤로 발라준다.

2 달군 팬에 현미유를 두르고 ①의 표고버섯을 넣고
중간 불에서 5분간 앞뒤로 노릇하게 굽는다.

3 그릇에 구운 표고버섯을 담고 비건 바비큐소스를 끼얹는다.
파슬리가루를 뿌리고 레몬을 곁들인다. 먹기 직전 즙을 짜서 뿌린다.

오이국수 + 참기름 매실소스
레시피 82쪽

볶은 당근국수 + 매콤 오리엔탈소스
레시피 82쪽

애호박국수 + 아몬드 향신간장소스
레시피 83쪽

3가지 채소국수 ———

고기는 참을 수 있어도 탄수화물은 포기하기 어렵다는 사람들이 많다. 특히 면 요리를 좋아하는 이들에게
뱃살이나 소화 불량 걱정 없이, 먹을수록 몸이 정화되는 신선한 채소국수들을 추천한다.
처음에는 건강이나 다이어트를 위해 시도할지 몰라도 점점 채소국수의 매력에 푹 빠지게 될 것이다.

오이국수 + 참기름 매실소스 ——— 오이의 아삭한 식감과 상큼한 드레싱의 맛이

완벽하게 어우러진 메뉴. 칼로리는 낮지만 영양이 풍부하고 맛은 신선해 행복한 채식을 가능하게 해준다.
단, 오이의 성질이 차기 때문에 한겨울보다 여름에 즐기면 좋다.

재료 ——— 1~2인분

오이(중간크기) 1개, 적양파 1/3개(또는 양파), 잣 1~2큰술(또는 다른 견과류),
송송 썬 쪽파 1작은술

〈참기름 매실소스〉 생강즙 1큰술, 레몬즙 1큰술(또는 식초),
매실청 1큰술, 참기름 1큰술, 통깨 1작은술, 다진 마늘 1작은술

만들기 ——— 1 오이는 채소면 필러를 이용해 국수로 만든다.

    * 채소면 필러가 없다면 채 썰어도 좋다.

2 적양파는 가늘게 채 썬다. 잣은 곱게 다진다.

3 볼에 모든 소스 재료를 넣고 골고루 섞는다.

4 그릇에 오이국수와 양파채를 담고 소스를 뿌린 후
    잣가루와 송송 썬 쪽파를 뿌린다.

    * 잣가루를 듬뿍 뿌려 먹으면 고소하고 맛있다.

볶은 당근국수 + 매콤 오리엔탈소스 ——— 당근을 색다른 식감의 국수로 만들어

요리의 주인공으로 변신시켰다. 당근이 제철인 겨울에 만들면 달달한 맛이 좋아 더 맛있게 즐길 수 있다.
당근을 기름에 살짝 볶으면 베타카로틴 흡수율이 높아지고 맛도 부드러워진다.

재료 ——— 1~2인분

당근(중간크기) 1개, 양송이버섯 3개, 양파 1/4개, 브로콜리 1/3개(100g), 현미유 1큰술(또는 올리브유),
땅콩 5~6알(또는 피스타치오나 아몬드), 송송 썬 쪽파 약간

〈매콤 오리엔탈소스〉 양조간장 2큰술, 참기름 2큰술, 다진 마늘 1작은술,
다진 홍고추 1작은술, 감식초 1작은술(또는 레몬즙), 통후추 간 것 1/2작은술

만들기 ——— 1 당근은 채소면 필러를 이용해 국수로 만든다.

    * 채소면 필러가 없다면 채 썰어도 좋다.

2 양송이버섯, 양파는 0.2cm 두께로 얇게 썬다. 브로콜리는 한입 크기로 썬다.
    땅콩은 굵게 다진다.

3 볼에 모든 소스 재료를 넣고 섞는다.

4 달군 팬에 현미유를 두른 후 양송이버섯, 양파, 브로콜리를 넣고
    센 불에서 1분간 볶는다.

5 당근국수와 소스를 넣어 1분간 더 볶는다. * 볶을 때 채소가
    부스러지지 않도록 주의하고, 너무 오래 볶아 색이 변하지 않도록 한다.

6 그릇에 담고 다진 땅콩, 송송 썬 쪽파를 뿌린다.

애호박국수 + 아몬드 향신간장소스 ——————— 애호박은 맛과 향이 순하고 익히면
달큼한 맛이 나서 누구나 잘 먹는 채소. 늘 비슷한 방법으로 먹었다면 이번에는 바꿔보자. 파, 마늘, 생강을 듬뿍 넣은
향신소스를 곁들인 애호박국수는 애호박의 완전히 다른 매력을 만나게 해줄 것이다.

재료 ——————— 1~2인분
애호박(중간크기) 1/2개, 파프리카 1/3개, 삶은 옥수수알 1/2컵, 현미유 1큰술, 통깨 약간
〈아몬드 향신간장소스〉 아몬드 20알(또는 아몬드가루 2큰술), 올리브유 1큰술, 양조간장 1큰술, 레몬즙 1큰술,
다진 마늘 1작은술, 다진 생강 1작은술, 조청 2작은술, 소금 1/3작은술, 다진 파 1큰술

만들기 ——————— **1** 애호박은 채소면 필러를 이용해 국수로 만든다. 파프리카는 애호박국수 굵기로 채 썬다.
　　　　　　　　　* 채소면 필러가 없다면 채 썰어도 좋다.

2 달군 팬에 현미유를 두르고 애호박국수를 넣어 중간 불에서 2분간 볶은 후 큰 접시에 펼쳐 담아 식힌다.

3 푸드 프로세서에 아몬드를 넣고 간다. 큰 볼에 다진 파를 제외한 모든 소스 재료를 넣고 골고루 섞는다.
　　식감을 위해 다진 파는 마지막에 넣고 섞는다.
　　　　* 아몬드는 찬물에 2시간 정도 불렸다가 갈면 더 부드럽게 갈린다.

4 ③의 볼에 애호박국수, 파프리카, 옥수수알을 넣고 살살 버무려 그릇에 담고 통깨를 뿌린다.

tip **채소면 만드는 3가지 방법**
❶ **채소면 필러(스파이럴라이저)**가 있다면 손쉽게 채소면을 뽑을 수 있다. 채소면 필러는 종류가 다양하다.
애호박국수는 연필 깎기 같은 원리로 채소를 회전시켜 채소면을 뽑는 필러를 사용했다.
오이국수는 채소를 꽂아 손잡이를 돌려 채소면을 뽑는 필러를 사용했다.
❷ **일반 필러**로도 채소면을 만들 수 있다. 채소의 겉면을 긁어내듯 얇게 벗겨낸 후 원하는 굵기로 썰면 된다.
면처럼 길게 뽑는 효과는 없지만 가는 면의 질감 연출이 가능하다.
❸ **칼**로도 가능하다. 가늘게 채 썰어 채소면으로 활용하면 된다.

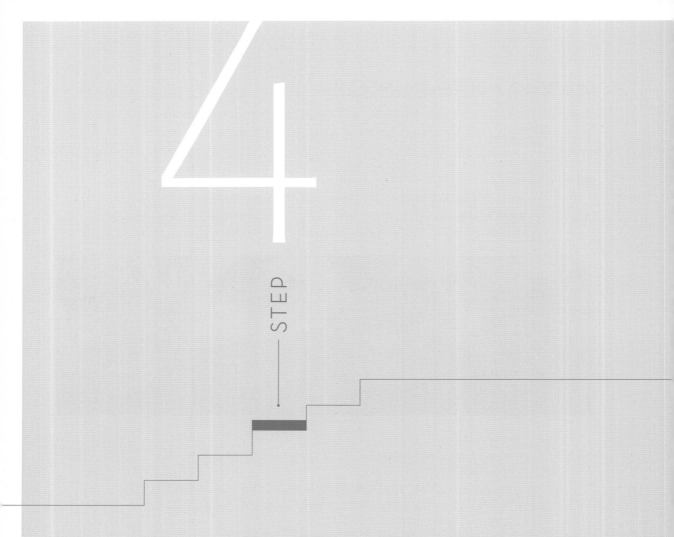

STEP

4

채식 연습 4단계

일주일에 하루,
채식 실천하기

채소 본연의 맛이 만족스럽게 다가오고, 채식에 대해 궁금한 마음이 들기
시작했다면 본격적인 채식 라이프를 즐길 준비가 되었다는 신호이다.
4단계에서는 일주일에 하루 채식하기에 관한 내용을 담았다.
메뉴는 아침, 점심, 저녁에 먹기 좋은 채식으로 고르게 구성했다.
아침 채식은 소화가 잘 되고 배설을 원활하게 해주는 메뉴로,
점심 채식은 영양이 풍부하고 든든하며 도시락으로 준비해도 좋을 메뉴로,
저녁 채식은 속이 편하고 숙면에 도움이 되는 메뉴로 선정했다.
일상의 음식들이라 대부분 재료도, 조리법도 어렵지 않다.
특별하게 기분 내고 싶은 날에 활용하기 좋은 색다른 메뉴들도 몇 가지 골랐다.
각 레시피마다 체질과 취향에 따라 가감할 수 있는 식재료 팁도 함께 소개했으니
멋지고 근사하게, 나만의 채식 라이프를 실천해보자.

Breafast

하루의 시작을 상쾌하게 해주는
아침 채식

기상 후 찌뿌드드한 아침, 아직 소화기관도 잠에서 덜 깬 이른 시간에는 위에 부담을 주지 않으면서
속을 따뜻하게 하고 배설을 원활하게 해주는 부드러운 식사를 추천한다. 아침부터 차갑거나, 기름지거나,
거친 식감의 식사를 하면 속이 더부룩하면서 독소 배출이 덜 된 채로 하루를 무겁게 시작하기 쉽다.
아침 식사는 무엇보다 조리가 쉽고 간단하면서, 영양은 풍부하되 소화는 잘 되는 음식이 제격이다.
그러나 사람마다 라이프스타일이 다르므로 아침에 활동량이 많거나 두뇌를 많이 사용하는 사람이라면
조금 더 영양 밀도가 높은 메뉴를 선택하는 것이 좋다.

새콤달콤 낫또

아침에 쾌변을 본 날은 기분 좋은 활력이 있는 반면, 그렇지 못한 날은 하루 종일 뇌에서 우울한 호르몬이 분비된다. 쾌변을 위해 가장 필요한 것은 장내 미생물이 좋아하는 먹이를 공급하는 것. 유익균이 살아있는 낫또와 먹이가 되는 섬유질이 풍부한 과일을 함께 섭취하면 도움이 된다.

재료 ——— 1인분

낫또 1팩(50g), 사과 1/5개(또는 다른 제철 과일),
컬러 방울토마토 3개(또는 파프리카), 매실청 1큰술(또는 유자청),
레몬즙 1큰술, 양조간장 1작은술(기호에 따라 가감)

만들기 ——— 1 사과와 방울토마토는 낫또 크기로 굵게 다진다.

2 그릇에 모든 재료를 담은 후 골고루 섞는다.
  • 시판 낫또 구입 시 동봉된 겨자 소스를 추가해도 맛있다.

tip **낫또의 놀라운 효능**

건강식품 낫또에는 혈액 순환을
개선하는 '낫또 키나아제',
갱년기 여성호르몬을 보충해주는
'이소플라본', 변비와 기미 예방에
좋은 '레시틴', 항산화 작용과
면역력 증강 효과가 있는 '셀레늄'이
풍부하다.

수박 + 참외 + 멜론

사과 + 귤/천혜향 + 자몽

바나나 + 블루베리 + 배

제철 과일 플레이트 ——————— 분주한 아침이라면 신선한 과일로 시작하는 것도 괜찮다.

다만 허브차나 생강차 한 잔으로 몸을 먼저 따뜻하게 해준 뒤 섭취하면 좋다. 과일 역시 냉장고에서 갓 꺼내 너무 차가운 상태로 먹기보다 실온에 두어 냉기를 없앤 후 먹도록 하자.

과일 선택하는 법

과일에도 함께 먹으면 좋은 궁합이 있다. 과일은 크게 단맛이 나는 것, 약간 신맛이 나는 것, 신맛이 강한 것, 멜론류로 나눌 수 있다. 단맛류는 약간 신맛이 나는 과일과 함께 먹으면 잘 어울린다. 신맛이 약한 것과 강한 것도 같이 먹어도 좋다. 멜론류는 다른 과일과 섞어 먹으면 소화가 덜 되니 따로 먹도록 하자. 단맛 나는 과일과 신맛이 강한 과일도 서로 어울리지 않으니 각각 먹도록 하자.

아래 표를 참고해 아침 과일 메뉴를 정하자.

단맛	약간 신맛	강한 신맛	멜론류
바나나	사과	자몽	멜론
포도	배	귤	수박
무화과	복숭아	오렌지	참외
푸룬	자두	레몬	
대추	살구	라임	
	망고	파인애플	
	체리	딸기	
	블루베리	석류	
		크랜베리	

과일 먹을 때 알아두면 좋은 정보

1 과일은 가능하면 껍질째 먹는 게 좋다.
   입안 가득히 넣고 천천히 꼭꼭 씹으며 단맛과 신맛, 오묘한 과일 특유의 맛을 음미하자.

2 과일에 설탕을 첨가하면 미네랄과 비타민을 손상시키므로 있는 그대로 먹자.

3 수박에 소금을 뿌리면 단맛이 상승한다.

4 딸기를 씻을 때 꼭지를 떼면 물이 고여 단맛이 떨어진다.

5 떫은맛의 감은 두꺼운 종이로 감싸서 실온에 2주 정도 두었다가 먹거나,
   쌀통에 쌀과 함께 넣어 2주 정도 묵혔다가 먹으면 단맛이 상승하고 떫은맛은 사라진다.
   사과와 함께 4~5일 보관해도 달달해진다.

디톡스 워터

저녁 식사가 에너지 대사를 거쳐 칼로리로 전환되는 데 걸리는 시간은 약 12시간. 전날 과음이나 과식을 했다면 더 많은 에너지가 소모될 뿐 아니라, 간이 혹사를 당해 찌뿌둥한 컨디션으로 하루를 시작하게 된다. 지친 간을 달래주는 디톡스 워터로 지난밤 간에게 시킨 과도한 일들을 사과하자.

재료 ———— 1인분

강황가루 1/3작은술, 레몬즙 1큰술(또는 천연 식초), 생수 1컵

만들기 ———— 컵에 강황가루와 레몬즙을 섞은 후 물을 부어 섞는다.

* 동절기에는 따뜻한 물을, 하절기에는 실온에 둔 물을 부어 차갑지 않게 해서 마신다.
  몸이 찬 사람은 생강즙이나 생강가루를 추가하면 좋다.
* 위궤양 또는 위염 등이 있다면 디톡스 워터 대신 두부 된장차(119쪽)를 마시면 좋다.

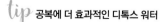 **공복에 더 효과적인 디톡스 워터**

매일 아침 공복에 마시는 디톡스 워터는
간의 대사과정이 원활하게 이루어지도록
도와 해독에 좋고 활기찬 아침을 맞게 해준다.

아마란스 고구마죽

인도에서 침묵 명상에 참여했을 때 맛있는 채식 요리를 매일 접했는데, 그때 반한 메뉴가 아마란스 죽이다. '신이 내린 선물'이라 불릴 만큼 영양이 풍부한 슈퍼곡물 '아마란스'는 단백질과 필수 아미노산이 풍부하다. 섬유질도 많아 장 건강에 좋고 글루텐이 없어 알레르기 있는 이들에게도 추천한다.

재료 ——— 1인분

아마란스 1/2컵(또는 차조나 기장), 고구마 말랭이 1/2컵
(또는 가래떡이나 절편, 생략 가능), 전분 1큰술(생략 가능), 물 3컵+1/2컵,
조청 2큰술(또는 설탕 1큰술, 기호에 따라 가감), 소금 약간

만들기 ——— 1 아마란스는 촘촘한 체에 밭쳐 헹군 후 냄비에 넣는다.
물(3컵)과 조청을 섞은 후 센 불에서 끓인다.
끓어오르면 약한 불로 줄여 10분간 저어가며 끓인다.

2 고구마 말랭이는 한입 크기로 작게 썬다.

3 아마란스가 잘 익어 동동 떠오르면 고구마 말랭이를 넣고 3분간 더 끓인다.

4 물(1/2컵)에 전분을 넣고 잘 풀어준 후 ③에 넣고
1~2분간 골고루 섞어가며 끓인다.

5 먹기 전에 소금으로 간한다. 조청이나 설탕으로 단맛을 더해도 된다.

tip **아마란스의 매력을 즐기려면?**

고구마 말랭이를 넣으면
달달하게 씹히는 식감이 있어 좋지만,
없다면 굳이 넣지 않아도 된다.
아마란스만으로 죽을 끓여도 특유의
톡톡 터지는 매력을 충분히 즐길 수
있기 때문이다.

오색 영양죽 ──────── 가볍게 워밍업 하듯 영양이 풍부한 유동식으로 아침을 시작하면

위에 부담이 적고 머리도 맑아진다. 오색 영양죽은 시각적으로 풍요롭게 해줄 뿐 아니라, 오장의 건강을 돕고
영양도 만점인 참 좋은 아침식사이다.

재료 ——— 1인분

현미 4큰술, 귀리 1큰술, 퀴노아 1큰술, 말린 구기자 1/2큰술(또는 말린 대추 2개),
쑥개떡 1~2개(또는 쑥절편), 물 1/2컵+2컵, 검은깨 1/3큰술, 소금 약간

만들기 ——— **1** 현미, 귀리, 물(1/2컵)을 푸드 프로세서에 넣고 알갱이가 반 정도 크기가 되게 굵게 간다.
퀴노아와 말린 구기자는 각각 체에 밭쳐 깨끗이 씻어 물기를 빼서 준비한다.
* 말린 구기자 세척법은 201쪽 과정 ② 참고.

2 냄비에 현미와 귀리 간 것, 퀴노아, 물(2컵)을 넣고 중약 불에서 5분간 끓인다.
죽이 넘치지 않도록 냄비 뚜껑을 조금 열리게 비스듬히 덮는다.
끓기 시작하면 약한 불로 줄여 8~9분간 중간중간 저어주며 끓인다.

3 쑥개떡을 한입 크기로 작게 썬다.

4 ②의 죽에 말린 구기자와 쑥개떡을 넣는다. 약한 불에서 2분 정도 뚜껑을 열고
쑥개떡이 부드러워질 때까지 저어가며 끓인다.
그릇에 담고 검은깨를 올린 후 먹기 직전 소금으로 간한다.
* 미리 소금 간을 한다면, 죽이 삭아 흐물흐물해져 식감이 나빠지니 먹기 직전에 하자.
간을 하지 않고 먹어도 좋다. 재료 본래의 식감을 느끼면서 훨씬 부드럽게 즐길 수 있다.

눈으로 즐기는 풍요로운 식탁

다양한 색깔의 식재료를
활용하면 시각적인 풍요로움은
물론 이 색깔 속에 들어있는
항암, 항산화, 항균 작용을 하는
파이토케미컬(phytochemicals)
성분까지 섭취할 수 있다.
현재까지 4천여 종의 파이토케미컬
성분이 밝혀졌고 효과 역시 끊임없이
증명되고 있다. 참고로 연구 결과에
따르면 채소와 과일의 실질적인
영양소는 껍질과 씨, 섬유질 성분에
특히 풍부하다고 한다.

음식의 색과 건강적 이점

● 초록색 음식 : 간에 이로워
눈을 밝게 하고 피를 정화하며,
체내 독소를 해독한다.
● 붉은색 음식 : 심장을 도와
피를 생성하고, 혈압을 조절하며
혈액 순환을 돕는다.
● 노란색 음식 : 비위를 건강하게 만들어
입맛을 돌게 하고, 기운이 나게 한다.
○ 흰색 음식 : 폐를 튼튼하게 만들고
코 점막을 강하게 해주며, 면역력을
증강시켜 감기에 잘 걸리지 않게 한다.
● 검은색 음식 : 신장 기능과 생식력을 좋게
만들어 노화를 늦추고, 호르몬 밸런스를
유지하는데 도움이 된다.

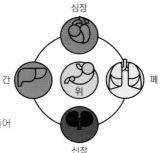

곡물 플레이크를 곁들인 단호박수프 ——————— 속 편하고 따뜻하면서 부드러운 수프가

먹고 싶을 때 3분 안에 만들 수 있는 초간단 레시피. 평소 단호박을 쪄서 냉동 보관했다가 필요할 때 꺼내 두유와 물만
넣고 갈아주면 된다. 유기농 플레이크나 볶은 현미 등을 토핑하면 영양도, 바삭한 식감도 살릴 수 있다.

재료 ——————— 1인분

단호박 1/4개(또는 고구마 1개), 무가당 두유 1/2컵(또는 다른 비건 밀크),
물 1/2컵, 유기농 플레이크 1큰술(또는 볶은 현미나 뮤즐리, 그래놀라)

만들기 ——————— 1 단호박은 씨를 제거하고 찜기에서 15~20분간 찐다.
　　　　　　　　　　젓가락으로 찔러서 푹 들어가면 다 익은 것이다.

2 푸드 프로세서에 익힌 단호박과 두유, 물을 넣고 곱게 간다.

3 냄비에 ②를 넣고 중간 불에서 끓어오르면 불을 끈다.
　 그릇에 담고 유기농 플레이크를 곁들인다.
　 * 코코넛밀크를 2~3큰술 추가하면 고소하고 달콤한 맛을 즐길 수 있다.

현미 누룽지와 쌈채소 샐러드 ─────── 아침에 커피와 토스트를 즐기는 현대인들의 위장은

냉해지기 쉽다. 또한 소화 기능이 약하거나 알레르기가 있다면 밀가루의 글루텐 성분도 부담스럽다. 현미 누룽지는
소화가 잘 되고 영양도 풍부하면서 어디에나 어울리는 좋은 아이템. 이제 빵 대신 누룽지를 곁들이자.

재료 ─────── 1인분

모둠 쌈채소 5~6장(케일, 근대잎, 겨자잎 등), 컬러 방울토마토 6개, 현미 누룽지 1/2컵

〈참깨 레몬드레싱〉 레몬즙 1큰술(또는 과일 식초), 조청 1큰술, 참기름 1큰술,
통깨 1작은술, 소금 1/3작은술, 다진 생강 1/2작은술

만들기 ─────── 1 볼에 드레싱 재료를 넣고 골고루 섞는다.

2 쌈채소는 채 썬다. 방울토마토는 3~4등분한다.

3 그릇에 쌈채소와 방울토마토를 담고 드레싱을 뿌린다. 현미 누룽지를 먹기 좋게 부숴 곁들인다.

＊취향에 따라 샐러드에 들어가는 채소를 다양하게 바꿔도 좋다.

초간단 양상추 샐러드

알배기배추 자몽 샐러드

초간단 양상추 샐러드 ——————— 아침 샐러드를 준비할 때는 소화가 잘 되는 재료를 선택하자.

양상추는 부드러워 소화가 잘 되고 시원하면서 아삭한 식감이 나서 좋다. 여기에 파프리카를 곁들이고 오일류는
가급적 적게 넣는다. 따뜻한 수프나 죽, 누룽지나 그래놀라 등을 곁들이면 한 끼 아침 식사로 충분하다.

재료 ——————— 1인분

양상추 3장(손바닥 크기), 파프리카 1/2개, 방울토마토 3~5개,
올리브유 1큰술, 레몬즙 1큰술(생략 가능),
소금 1/4작은술(기호에 따라 가감), 통후추 간 것 약간

만들기 ——————— 1 양상추는 한입 크기로 찢는다.
파프리카는 한입 크기로 썰고, 방울토마토는 3~4등분한다.

2 그릇에 양상추, 파프리카, 방울토마토를 담고 올리브유와 레몬즙을 두른다.
기호에 따라 소금, 통후추 간 것으로 부족한 맛을 더한다.

* 올리브유만 뿌려 재료 본연의 맛을 즐겨도 좋다.
* 몸이 찬 사람은 생강즙을 조금 곁들이면 체온을 높일 수 있다.

tip **채소 본연의 맛 즐기기**

양상추를 간하지 않고 씹으면
그 자체로도 짠맛, 단맛이 어우러져
맛있다. 파프리카를 생으로 먹어도
특유의 매운맛과 단맛, 짠맛을
느낄 수 있다. 먼저 오일과
레몬즙만 뿌려서 먹어보고, 그 맛이
익숙해지면 다른 채소나 과일을
한두 가지씩 곁들여 즐겨보자.

알배기배추 자몽 샐러드 ——————— 알배기배추의 달큰한 맛에

자몽의 상큼함을 더하고 영양이 풍부한 견과류까지 담았다. 자몽은 피로 회복에
필수적인 비타민C가 풍부해 아침에 한 개만 먹어도 비타민C의 하루 필요량을
충족시킨다. 면역력 향상, 간 해독, 항염, 항산화, 피부 미용과 다이어트에 두루 좋지만,
고지혈증이나 고혈압 약, 부정맥 치료제 등을 복용 중이라면 먹지 않도록 한다.

재료 ——————— 1인분

알배기배추 4~5장(손바닥 크기, 또는 로메인상추나 양상추),
자몽 1/2개, 견과류 2큰술
* 알배기배추는 여리고 부드러운 안쪽 잎을 사용한다.
〈발사믹 매실드레싱〉 발사믹식초 1큰술, 레몬즙 1큰술,
매실청 1큰술(또는 조청), 올리브유 1큰술

만들기 ——————— 1 볼에 드레싱 재료를 넣고 골고루 섞는다.

2 알배기배추는 먹기 좋은 크기로 썬다.

3 자몽은 사진처럼 꼭지와 아랫부분을 잘라낸 후 속껍질까지 도려내듯 벗긴다.
과육 사이사이에 칼집을 넣어 과육만 떼어낸다.

4 그릇에 배추, 자몽을 담고 견과류를 뿌린 후 드레싱을 곁들인다.
* 비건 파마산 치즈가루(만들기 50쪽)나 파슬리가루를 뿌리면
멋스럽고 맛도 풍부해진다.

레인보우 오픈 샌드위치 ─────── 채식 요리를 즐기는 이유 중 하나는 채소들의 다채로운 컬러

때문이다. 소꿉놀이하듯 취향대로 간단히 만들 수 있는 레인보우 오픈 샌드위치는 요리를 더욱 즐겁게 한다. 아이들과
함께 만들어도 좋다. 7가지 어울리는 재료 조합을 제안하니, 좋아하는 맛을 골라 아침 식사나 브런치로 준비해보자.

재료 ———— 3~4인분

비건 통밀빵 7장

〈**속 재료 A**〉 비건 마요네즈 2큰술(만들기 52쪽), 노란 방울토마토 2~3개, 셀러리줄기 10cm, 어린잎채소 약간

〈**속 재료 B**〉 비건 마요네즈 2큰술(만들기 52쪽), 래디쉬 3개, 딜 약간

〈**속 재료 C**〉 아보카도 슬라이스 1/2개분, 빨간 방울토마토 2~3개, 고수잎 약간

〈**속 재료 D**〉 땅콩버터 2큰술, 바나나 1/2개, 계핏가루 1작은술, 검은깨 약간, 애플민트 약간

〈**속 재료 E**〉 비건 크림치즈 2큰술(만들기 49쪽), 블루베리 2큰술, 견과류 1큰술, 비건 파마산 치즈가루 약간(만들기 50쪽)

〈**속 재료 F**〉 으깬 아보카도 2큰술, 딸기 2개, 비건 초콜릿 2조각 • 아보카도에 타임을 곁들이면 더욱 향이 좋다.

〈**속 재료 G**〉 땅콩버터 2큰술, 오이 1/3개, 바질잎 2~3장

만들기 ———— **1** 달군 팬이나 토스터에 통밀빵을 앞뒤로 노릇하게 굽는다.

2 속 재료를 손질한다.

- 방울토마토, 래디쉬, 오이, 바나나, 딸기 : 먹기 좋게 슬라이스한다.
- 셀러리줄기 : 먹기 좋은 굵기로 송송 썬다.
- 아보카도 : 반으로 잘라 씨를 빼고 껍질을 벗긴다. 1/2개는 으깨고, 1/2개는 슬라이스한다. (손질법 113쪽)
- 견과류, 비건 초콜릿 : 굵게 다진다.
- 딜 : 먹기 좋게 자른다.

3 구운 통밀빵 7장에 각각의 속 재료를 다음과 같은 순서로 올린다.

A. 빵에 비건 마요네즈를 바른 후 방울토마토 슬라이스, 송송 썬 셀러리, 어린잎채소를 올린다.

B. 빵에 비건 마요네즈를 바른 후 래디쉬 슬라이스와 딜을 올린다.

C. 빵에 아보카도 슬라이스와 방울토마토 슬라이스를 올린 후 고수잎을 올린다.

D. 빵에 땅콩버터를 바른 후 바나나 슬라이스를 올리고 계핏가루와 검은깨를 뿌린 후 애플민트를 올린다.

E. 빵에 비건 크림치즈를 바르고 블루베리와 다진 견과류를 올린 후 비건 파마산 치즈가루를 뿌린다.

F. 빵에 으깬 아보카도를 바른 후 딸기 슬라이스와 다진 비건 초콜릿을 올린다.

G. 빵에 땅콩버터를 바른 후 오이 슬라이스와 바질잎을 올린다.

STEP 4

Lunch

도시락으로도 좋은, 영양 가득한
점심 채식

바쁜 직장인이나 시간에 쫓기는 학생, 잠시나마 요리의 의무에서 벗어난 주부에게
점심 식사로 추천하는 간단하면서도 영양가 높은 메뉴들이다. 평소 회사에서 급식이나 외식으로
점심 식사를 해왔던 직장인이라면 주말 점심으로 시도해도 되고, 일주일에 하루 정도
나를 위한 채식 도시락을 준비해도 좋겠다. 보통 점심은 활동량이 많고, 위장도 활발하게
움직이는 시간이니 평소 먹고 싶은 음식이 있다면 저녁 식사보다는 점심 식사로 즐기는 것이
소화도 잘 되고, 위장에도 무리가 가지 않는다. 만들기 쉬우면서 맛도 좋은 점심 채식 레시피들로
미각을 충족시키고 영양까지 골고루 챙겨보자.

구운 가지 디핑소스와 곡물빵 ———— 가지로 디핑소스를 만들면 의외의 맛과 고소함에
놀라게 된다. 가지의 보라색 껍질에 들어있는 안토시아닌은 강력한 항산화제로 암을 예방하고 콜레스테롤 수치를
낮춰주는데, 이 메뉴에서는 부드러운 식감을 위해 껍질을 사용하지 않았다. 이 껍질은 소금, 후춧가루, 구운
파프리카가루 등을 더해 식품건조기로 구우면 비건 베이컨을 만들 수 있다. 소스에 넉넉히 넣은 통깨는 주로 콩에서
단백질을 섭취하는 채식인들에게 부족하기 쉬운 필수 아미노산 '메티오닌'을 보충해준다.

재료 ———— 1인분

곡물빵 1인분

〈구운 가지 디핑소스〉 가지(중간크기) 1개, 통깨 2큰술,
다진 마늘 1/2큰술, 레몬즙 2큰술, 올리브유 2작은술+1큰술,
파슬리가루 1작은술, 소금 약간, 통후추 간 것 약간

만들기 ———— 1 오븐은 200℃로 예열한다. 길게 2등분한 가지 곳곳에 포크로
구멍을 낸 후 오븐 팬에 올린다. 예열된 오븐에서 40분간 굽는다.

2 통깨는 곱게 간다.

3 구운 가지는 한김 식힌 후 숟가락으로 속살만 긁어내 볼에
담고 포크로 으깬다. 여기에 통깨 간 것, 다진 마늘, 레몬즙,
올리브유(2작은술), 파슬리가루를 넣고 골고루 섞는다.
소금, 통후추 간 것으로 간을 맞춘다.

4 그릇에 ③을 담고 중간 부분을 눌러 홈을 만든 후
올리브유(1큰술)를 넣는다. 곡물빵을 곁들여 찍어 먹는다.

tip **오븐 대신 팬에서 가지 굽기**

가지를 길게 2등분한다.
달군 팬에 가지를 올리고
아주 약한 불에서 뚜껑을 덮고
뒤집어가며 15분간 익힌다.

케일 쌈밥 롤 ──────────────── 녹즙이나 쌈으로 많이 먹는 케일은 섬유질과

미네랄이 풍부하고 단백질 함량도 많은 편이다. 색다르게 즐기는 방법으로 케일을 데쳐
김밥처럼 만드는 쌈밥 롤을 소개한다. 채소는 데치면 특유의 찬 성분이 사라져 위장 점막이
약한 이들에게도 좋고 효율적인 영양 섭취도 가능하다. 부피가 줄어 생채소보다 3배 이상
더 먹을 수 있는 장점도 있다. 핵심은 데치는 시간! 선명한 녹색이 사라지지 않도록
짧은 시간 데치면 영양소 파괴를 최소화할 수 있다.

재료 ———— 1인분

따뜻한 현미밥 1공기(200g), 녹즙용 케일 3장(또는 다른 쌈채소 적당량),
두부면 1/4팩(25g, 재료 설명 43쪽, 또는 부침용 두부), 강황가루 1/2작은술, 소금 약간, 현미유 약간

〈밥 양념〉 통깨 1작은술, 소금 1/2작은술, 식초 1작은술, 참기름 1/2작은술

〈모둠 채소피클〉 모둠 채소(오이, 파프리카, 새송이버섯, 적양파 각 1개씩), 물 4컵, 식초 1컵,
소금 3큰술, 설탕 3큰술, 생강(마늘크기) 1톨, 피클링 스파이스 2작은술, 월계수잎 3장(생략 가능)

〈피클 장식용〉 딜 2줄기(생략 가능), 말린 과일 약간(생략 가능)

* 두부면이 없다면 단단한 부침용 두부를 채 썬 후 면포나 키친타월에 올려 물기를 최대한 뺀 후 사용한다.
* 피클의 채소는 가짓수를 줄여도 된다. 단, 분량은 전체 분량과 비슷하게 맞춘다.
* 피클의 생강은 채소의 찬 성질을 잡아주고 살균 효과도 있으니 꼭 넣도록 하자.

모둠 채소피클 만들기 (하루 전날 준비)

1 냄비에 물, 식초, 소금, 설탕, 생강, 피클링 스파이스, 월계수잎을 넣고
   센 불에서 끓어오르면 불을 끄고 한김 식힌다.

2 피클용 채소는 모두 0.7cm 두께로 채 썬다.

3 소독한 유리병에 채소를 세워 담고 딜과 말린 과일을 올린 후 ①의 피클물을 붓는다.
   냉장고에서 하룻밤 숙성시킨 후 먹을 수 있다.
   * 피클을 오래 두었다가 먹을 경우에는 맨 위를 딜과 함께 마늘 슬라이스로 덮어두면 좋다.

케일 쌈밥 롤 만들기

4 달군 팬에 현미유를 두른 후 두부면을 넣고 중간 불에서 2분간 볶는다.
   강황가루, 소금을 넣고 1분간 더 볶은 후 덜어둔다.
   케일 데칠 물(물 6컵 + 소금 1/2작은술)을 불에 올린다.

5 볼에 따뜻한 현미밥과 밥 양념 재료를 모두 넣고 골고루 섞는다.

6 케일 줄기의 두꺼운 섬유질을 칼날을 눕혀 저며낸다.

7 케일 데칠 물이 끓으면 케일을 넣고 10초간 살짝 데친 후
   찬물에 헹궈 물기를 꼭 짠다.
   * 잎채소는 오래 데치면 영양소가 파괴되니 숨이 죽으면
   바로 꺼낸다.

8 도마 위에 데친 케일을 펼친다. 이때 케일의 바깥 면이
   위로 올라오게 놓는다. 케일 위에 양념한 현미밥의 1/3 분량을 얇게 편다.
   * 케일의 안쪽면 색깔이 더 선명하고 예쁘기 때문에
   바깥 면에 재료를 올려 돌돌 마는 것이 좋다.
   * 작은 쌈채소로 만든다면 여러 장이 겹치게 해서 넓게 펼친다.

9 ④의 두부면, 피클을 종류별로 올린다.
   양옆을 접고 김밥 싸듯이 돌돌 말아 먹기 좋게 썬다.

tip

채소피클이 없다면?
잘 익은 배추김치나 갓김치,
총각김치 등을 물에 씻어 물기를
꼭 짠 후 그대로 넣거나 볶아서 넣는다.
무말랭이장아찌나 올리브를 넣어도
잘 어울린다.

피클용 유리병 열탕 소독법
❶ 냄비에 유리병을 눕혀 넣고
병이 잠길 만큼 찬물을 붓는다.
중간 불에서 끓어오르면
중약 불로 줄여 집게로 굴려가며
10분간 끓인다.
❷ 병을 집게로 건져 깨끗한
마른 면포나 행주 위에 거꾸로 세워
완전히 말린다. 물은 계속 끓인다.
❸ 끓는 물에 뚜껑을 넣고
중간 불에서 30초 정도 끓인 후
꺼내 완전히 말린다.

파프리카 현미밥

비타민과 항산화 성분이 풍부한 파프리카는 색깔마다 효능이 조금씩 다르다. '노란색'은 특히 비타민C가 풍부해 기미와 주근깨를 방지하고 피부 미백에 도움을 준다. '주황색' 역시 피부 미용에 효과적이다. 주황색의 베타카로틴 성분이 멜라닌 색소의 생성을 억제해 미백 효과가 있으며, 아토피 피부염에도 좋기 때문이다. '초록색'은 철분이 풍부해 빈혈 예방에 좋고 다이어트에도 효과적이다. '빨간색'은 활성산소의 생성을 막아주어 노화 방지에 탁월하며, 혈당을 저하시키고 암세포 성장에 관여하는 IGF-1을 억제하는 항암 식품이다.

재료 ——— 1인분

파프리카 1개, 현미밥 2/3공기(약 150g), 표고버섯 1/2개, 당근 약 1/8개, 애호박 약 1/8개,
코코넛오일 1작은술(또는 올리브유), 소금 약간, 통후추 간 것 약간, 다진 파슬리 약간(또는 파슬리가루),
비건 크림치즈 3큰술(만들기 49쪽), 비건 파마산 치즈가루 2큰술(만들기 50쪽)
* 비건 치즈는 2가지 중 1가지만 조금 더 넉넉히 넣어도 된다.

만들기 ——— 1 파프리카는 반으로 잘라 속을 파낸다.

2 표고버섯, 당근, 애호박은 잘게 다진다.

3 달군 팬에 코코넛오일을 두르고 다진 표고버섯, 당근, 애호박을 넣고
   센 불에서 1분간 볶는다.

4 현미밥을 넣어 골고루 섞으며 1분간 더 볶는다.
   소금, 통후추 간 것을 넣어 간한다. 오븐을 200℃로 예열한다.

5 파프리카 안에 볶음밥을 1/2분량씩 채운다.

6 오븐 팬에 종이포일을 깔고 ⑤를 올린 후 비건 크림치즈를 바른다.
   200℃로 예열된 오븐에 넣고 20분간 구운 후 그릇에 담고
   비건 파마산 치즈가루와 다진 파슬리를 뿌린다.
   * 비건 크림치즈 대신 비건 모짜렐라 치즈소스(만들기 50쪽)를
   활용하면 치즈가 흐르는 느낌을 연출할 수 있다.

tip **오븐이 없다면 팬에서 익히기**

❶ 달군 팬에 파프리카의 잘린
단면이 닿게 넣고 중간 불에서
3분간 익힌다. 불을 끄고 뒤집는다.
❷ 파프리카 안에 볶아둔 밥을 넣고
비건 크림치즈를 바른 후 뚜껑을
덮어 약한 불에서 5~7분간 익힌다.
❸ 그릇에 담고 비건 파마산
치즈가루와 다진 파슬리를 뿌린다.

두부 치아바타 파니니

────────── '치아바타(ciabatta)'는 인공첨가물을 사용하지 않고

밀가루, 맥아, 물, 소금 등의 천연 재료만을 사용해 만든 빵으로, 겉은 살짝 단단하고 속은 부드러운 것이 특징이다.

'파니니(panini)'는 빵 사이에 간단하게 속 재료를 넣어 만든 이탈리아식 샌드위치로, 보통 치아바타로 만든다.

재료 ───── 1인분

치아바타 1개, 두부 부침용(0.7cm 두께의 납작한 크기) 2장(120g), 토마토 슬라이스(0.5cm 두께) 2장,
적양파나 양파 슬라이스(0.5cm 두께) 2장, 파프리카 1/2개, 오이피클 3개, 상추 2장(또는 양상추),
올리브유 1큰술, 소금 약간, 통후추 간 것 약간

* 이 메뉴에서는 비건 쑥 치아바타(야미요밀 제품)를 활용했다.

〈비건 치즈 오리엔탈소스〉 비건 크림치즈 1큰술(만들기 49쪽), 양조간장 2큰술, 발사믹식초 2큰술,
올리브유 1큰술, 다진 마늘 1작은술, 메이플시럽 1작은술(또는 조청), 통후추 간 것 약간

* 소스를 비건 바비큐소스(만들기 149쪽)로 대체해도 잘 어울린다.

만들기 ───── 1 토마토와 적양파 슬라이스는 면포나 키친타월 위에 올려 물기를 뺀다.
파프리카와 피클은 샌드위치에 넣기 좋게 넓적하게 2~3등분한다.

2 두부는 앞뒤로 소금, 통후추 간 것을 뿌린 후 면포나 키친타월로 살짝 눌러 물기를 제거한다.

3 볼에 모든 소스 재료를 넣고 골고루 섞는다.

4 치아바타의 가운데 칼집을 넣어 반으로 자른다.
달군 팬에 넣고 약한 불에서 4~5분간 뒤집어가며 노릇하게 굽는다.

5 팬을 닦고 다시 달궈 올리브유를 두른 후 ②의 두부를 넣어 중간 불에서 3~4분간 뒤집어가며
노릇하게 굽는다.
* 빵도, 두부도 그릴 팬에 구우면 그릴 자국이 생겨 멋스럽다.

6 치아바타에 준비한 모든 속 재료를 넣은 후 ③의 소스를 뿌린다.
* 취향에 따라 토마토케첩이나 홀그레인 머스터드를 곁들여도 좋다.
* 칼칼한 맛을 좋아한다면 할라페뇨 피클이나 고추 간장장아찌를 슬라이스해서 조금만 곁들여보자.
또 다른 맛을 즐길 수 있다.

템페 참치맛 샌드위치 ──────── 콩을 쪄서 발효시켜 만든 '템페(tempeh)'는 고기 대용으로

먹을 수 있는 좋은 단백질 급원. 인도네시아 음식으로 청국장과 비슷하지만 냄새가 나지 않고 질감도 독특해 그대로
구워 먹거나 부수어 여러 요리에 활용할 수 있다. 약간 전처리를 해주면 참치 질감과 유사한 샌드위치를 즐길 수 있다.

재료 ——— 1인분

통밀빵 2장, 템페 50g(재료 설명 45쪽), 다시마 5×5cm 2장, 적양파 약 1/8개(또는 양파), 셀러리줄기 5cm,
양배추 1/5장, 비건 마요네즈 1큰술(만들기 52쪽), 머스터드 1/2큰술, 마늘가루 1작은술(또는 다진 마늘 1/2작은술),
소금 약간, 통후추 간 것 약간
* 템페를 구하기 어렵다면 부침용 두부를 으깨 물기를 꼭 짠 후 팬에 볶은 두부 스크램블(만들기 202쪽)을 활용하면 된다.

만들기 ——— 1 템페를 부수어 그릇에 넣고 잠길 정도의 물을 붓는다.
다시마와 소금(1/2작은술)을 넣은 후 뚜껑을 덮어 하룻밤 냉장고에 보관한다.

2 다시마를 건지고 물을 따라낸다. 면포로 템페를 감싸 물기를 꼭 짠다.

3 적양파, 셀러리, 양배추는 굵게 다진다.

4 볼에 ②와 ③을 넣고 비건 마요네즈, 머스터드, 마늘가루,
소금, 통후추 간 것을 넣어 골고루 섞는다.

5 달군 팬이나 토스터에 통밀빵을 노릇하게 굽는다.

6 통밀빵 1장에 ④를 펼쳐 바른 후 남은 빵으로 덮는다.

tip 콩 발효식품, 템페의 효능

템페는 콩의 사포닌과 이소플라본,
필수 아미노산, 비타민, 식이섬유 등
각종 영양소가 풍부하게 함유되어
있어 성인병 예방에 좋고, 항암 작용도
하며 뼈를 단단하게 만들어준다.
특히 콩의 이소플라본 성분은
여성호르몬인 에스트로겐과 구조가
유사하여 여성 건강, 특히 폐경기
증후군에 좋다.

아보카도 두부 국수 ──────── 멕시코가 원산지인 아보카도는 채식인에게 부족하기 쉬운
양질의 단백질과 체내에 축적되지 않는 불포화지방산은 물론 풍부한 비타민과 미네랄까지 섭취할 수 있는 과일이다.
달걀의 식감과 비슷하면서도 특유의 크리미한 질감이 있어 다양한 채식 레시피에 애용된다.
하지만 전 세계적으로 인기를 끌면서 재배가 늘다보니 물 부족, 산림 파괴, 다량의 탄소 배출 등으로 환경에 좋지 않은
영향을 미친다고 알려져 있다. 좋은 재료이긴 하지만, 과용하기보다 먹는 횟수를 조금 줄이는 것이 어떨까 싶다.

재료 ——— 2인분

두부면 2팩(200g, 재료 설명 43쪽), 양배추 1장(손바닥 크기), 파프리카 1/2개, 셀러리줄기 30cm,
적양파 1/4개(또는 양파), 아보카도 1/2개, 다진 마늘 1작은술, 다진 생강 1작은술, 현미유 1~2큰술, 강황가루 1작은술,
소금 1/2작은술(기호에 따라 가감), 레몬즙 1큰술, 통후추 간 것 약간

〈토핑〉다진 쪽파 1큰술, 다진 고수 1큰술, 다진 피스타치오 10알분
* 이 메뉴가 너무 담백하게 느껴지면, 파인애플 두유드레싱(만들기 123쪽)을 곁들여 새콤달콤하게 즐기면 좋다.

만들기 ——— 1 두부면은 체에 밭쳐 물기를 뺀다.

2 양배추, 파프리카, 셀러리줄기, 적양파는 0.3cm 두께로 얇게 채 썬다.
  아보카도는 손질해 0.3cm 두께로 슬라이스한다.

3 달군 팬에 현미유를 두르고 다진 마늘, 다진 생강을 넣어
  중약 불에서 1분간 볶아 향을 낸다.
  * 마늘과 생강으로 향을 낸 다음 면과 채소를 볶으면 더욱 맛있다.
  또 마늘과 생강의 온기가 두부와 채소의 찬 성질을 완화해준다.

4 두부면을 넣고 2분간 볶은 후 강황가루, 소금을 넣는다.
  1분간 더 볶은 후 불을 끈다.

5 ④의 팬에 양배추, 파프리카, 셀러리줄기, 적양파, 레몬즙,
  통후추 간 것을 넣고 골고루 섞어 잔열로 살짝 익힌다.

6 그릇에 담고 아보카도 슬라이스, 다진 쪽파와 고수,
  다진 피스타치오를 올린다.

tip 아보카도 손질하기

사진처럼 가운데 칼을 꽂아 씨를
중심으로 돌려가며 칼집을 넣은 후
양쪽을 비틀어 벌린다. 칼날로 씨를
콕 찍어 비틀어 빼낸다. 손으로 껍질을
벗기거나 숟가락으로 과육을 파낸다.
아보카도는 눌렀을 때 살짝 말랑하고
까맣게 색이 변해야 다 익은 것이다.

캐슈 생강 레몬소스 월남쌈 ─────── 채소, 허브, 쌀국수, 고기, 해산물 등의 속 재료를

라이스페이퍼(rice paper)에 감싸 소스에 찍어 먹는 베트남 음식 '고이꾸온(goi cuon)'. 채소와 쌀국수를 듬뿍 채워
풍성하게 만들고, 맛과 영양의 균형을 잡아줄 캐슈너트를 넉넉히 넣은 소스를 곁들였다.

재료 ———— 2인분

라이스페이퍼 6장, 얇은 쌀국수(버미셀리) 20g, 양배추 1장(손바닥 크기), 당근 1/4개, 오이 1/3개,
파프리카 1/2개, 적양파 1/7개(또는 양파), 고수 3줄기(또는 깻잎이나 쑥갓)

〈캐슈 생강 레몬소스〉 불린 캐슈너트 70g, 다진 생강 2큰술, 양조간장 3큰술, 레몬즙 2큰술, 물 3큰술,
맛술 1큰술(또는 화이트와인), 다진 마늘 1/2작은술, 연겨자나 연와사비 1/2작은술(생략 가능)
* 캐슈너트는 찬물에 2시간 이상 불린다. 뜨거운 물에 30분간 불려도 된다. 1/2컵(50g)을 불리면 70g이 된다.

만들기 ———— 1 모든 소스 재료를 푸드 프로세서에 넣고 곱게 간다.
큰 볼에 쌀국수, 넉넉한 양의 물을 붓고 15분간 불린다.

2 양배추, 당근, 오이, 파프리카, 적양파는 가늘게 채 썬다.
고수는 비슷한 길이로 썬다.

3 끓는 물(5컵)에 불린 쌀국수를 30초 정도 데친 후 찬물에 헹궈
물기를 뺀다.

4 미지근한 물에 라이스페이퍼를 담가 부드럽게 한 후 건진다.
* 물의 온도는 뜨거운 물과 찬물을 2 : 1 비율로 섞으면 적당하고
라이스페이퍼는 5초 정도 담그면 알맞게 부드러워진다.

5 라이스페이퍼 가운데 준비한 재료를 적당량 올리고 양끝을 접는다.
* 도마에 라이스페이퍼가 달라붙으면 물을 묻혀서 떼어내면 된다.

6 김밥 싸듯이 돌돌 말아 먹기 좋게 썰어 그릇에 담고
소스를 곁들인다.

tip **쌀국수, 굵기에 따른 활용법**

쌀국수 중 가장 굵은 국수(0.5~1cm)는
볶음용, 중간 굵기(0.1~0.3cm)는
탕이나 국물이 있는 쌀국수용,
실처럼 가는 버미셀리는
라이스페이퍼에 넣어 먹거나
샐러드용으로 활용하면 잘 어울린다.

단호박 스무디
(레시피 94쪽 ①, ② 과정)

아몬드 된장양념 샐러드 밥 ——————— 현미밥에 익힌 병아리콩과 퀴노아, 컬러풀한 생채소들을
함께 담은 후 자극적이지 않은 아몬드 된장양념을 더했다. 배부르게 먹을 수 있는 양이지만 풍부한 섬유질 덕분에
칼로리는 낮고 영양 밸런스는 훌륭하다. 여기에 단호박 스무디까지 곁들이면 근사한 점심 메뉴가 된다.

재료 ——————— 1인분

현미밥 3~4큰술, 삶은 퀴노아 3~4큰술, 삶은 병아리콩 2큰술(병조림이나 통조림도 가능),
적양배추 1장(손바닥 크기), 양상추 3장(손바닥 크기), 오이 1/4개, 당근 1/10개, 방울토마토 3개,
어린잎채소 1줌(20g), 다진 파슬리 1큰술(또는 파슬리가루)

〈아몬드 된장양념〉 아몬드가루 2큰술, 통깨 1큰술, 다진 파 1큰술, 양조간장 1큰술, 식초 1큰술(또는 레몬즙),
매실청 1큰술, 된장 1/2큰술, 참기름 1큰술, 다진 마늘 1작은술
* 아몬드가루는 베이킹용을 쓰면 된다. 없다면 아몬드를 분쇄기에 곱게 갈아 체에 걸러 고운 입자만 사용하고
남은 덩어리는 샐러드나 요거트 토핑으로 쓴다.

tip 병아리콩과 퀴노아 삶는 법

생병아리콩, 생퀴노아를
아래 방법으로 익히면 무게나 부피가
2배 이상 늘어난다.
❶ 병아리콩 : 익히는 시간이
오래 걸리니 많이 삶아 냉동했다가
다시 데쳐 쓰면 편하다.
병아리콩을 물에 담가 6시간 이상
불린다. 냄비에 병아리콩을 넣고
물을 넉넉히 붓는다. 소금을 약간 섞어
센 불에서 끓인다. 끓어오르면
중약 불로 줄여 40~50분간
푹 삶은 후 찬물에 헹군다.
❷ 퀴노아 : 냄비에 넣고 물을
넉넉히 붓는다. 센 불에서 끓어오르면
약한 불로 줄여 저어가며
10~20분간 익힌다. 불을 끄고
그대로 두어 식으면서 퀴노아가 물을
최대한 흡수하게 한다.

만들기 ——————— 1 작은 볼에 아몬드 된장양념의 모든 재료를 넣고 골고루 섞는다.

2 적양배추, 양상추, 오이, 당근은 가늘게 채 썬다.
방울토마토는 3~4조각으로 슬라이스한다.

3 그릇에 ②의 채소와 어린잎채소, 다진 파슬리를 넣고 살살 섞는다.

4 ③에 현미밥, 삶은 퀴노아와 병아리콩, 아몬드 된장양념을 넣어 비벼 먹는다.

곤드레 연잎밥과 두부 된장차 ──────── 연잎밥을 특별한 사찰식으로 생각하는 사람이 많다.

하지만 직접 만들어보면 이처럼 간단한 요리가 없다. 반찬 없이도 식사하기 좋고, 속 재료에 따라 맛도 영양도 다양하게 즐길 수 있다. 동의보감에서는 연(蓮)을 '기력을 돋아 병을 낫게 하고 오장을 보하며 마음을 안정시킨다'고 소개했다.

재료 ———— 2인분

연잎 2장, 현미밥 1과 1/2공기(300g)

〈곤드레나물〉 삶은 곤드레나물 2/3컵(약 80g, 재료 설명 45쪽), 국간장 1작은술, 참기름 1작은술

〈두부 된장차〉 두부 된장 1작은술(만들기 55쪽), 따뜻한 물 1/2컵, 송송 썬 쪽파 약간

* 연잎은 연꽃을 재배하는 농원이나 연근을 판매하는 인터넷 사이트에서 구입할 수 있다.
보통 10장씩 판매하니, 한꺼번에 10개를 만들어 냉동했다가 필요할 때마다 꺼내서 쪄 먹으면 좋다.
* 두부 된장이 없다면 작은 냄비에 물 2/3~1컵, 된장 1/2~1작은술, 작게 썬 두부 약간을 넣고
센 불에서 끓어오르면 중간 불로 줄여 2~3분간 끓여 두부 된장차를 만든다.

만들기 ————

1 현미밥을 볼에 담아 한김 식힌다. 삶은 곤드레나물은 잘게 다져
국간장, 참기름을 넣어 버무린다.
* 갓 지은 밥보다 약간 식은 밥으로 만드는 것이 더 맛있다.

2 연잎을 깨끗하게 씻어 안쪽면이 보이게 펼친 후 현미밥 1/4 분량을 올린다.

3 ②의 밥 위에 곤드레나물 1/2 분량을 올리고 다시 현미밥 1/4 분량을 올린다.
* 곤드레나물 대신 완두콩, 당근, 브로콜리, 콜리플라워, 단호박, 연근, 고구마,
시래기, 김치, 견과류 등을 잘게 썰어 넣고 만들어도 맛있다.

4 연잎을 감싸 말아준다. 풀어지지 않도록 천 끈으로 묶어줘도 된다.
같은 방법으로 한 개 더 만든다.

5 김이 오른 찜기에 ④의 연잎밥을 넣고 약한 불에서 30분간 찐다.
* 통풍이 잘 되는 실온에서 하룻밤 정도 숙성시킨 후 찌면
연잎 향이 더욱 진하게 스며든다.
* 연잎밥 위에 사진처럼 다양한 재료들을 익혀 토핑으로 올려도 좋다.

6 두부 된장에 따뜻한 물을 붓고 섞은 후 송송 썬 쪽파를 올려
두부 된장차를 만들어서 연잎밥에 곁들인다.

tip **말린 곤드레나물 삶는 법**

❶ 말린 곤드레나물(25g 기준)을
찬물에 헹군다. 큰 냄비에 물(5컵)과
함께 넣고 센 불에서 바글바글
끓어오르면 약한 불로 줄인 후
뚜껑을 덮어 30~40분간 삶는다.

❷ 삶은 곤드레나물을 찬물에
2~3회 헹군다. 큰 볼에 넣고 찬물을
넉넉히 부은 후 6~12시간 동안
담가두어 특유의 냄새를 제거한다.

❸ 줄기의 단단한 부분은 가위로
잘라내고 물기를 짠다.

오이 퀴노아 샐러드 ─────── '퀴노아(quinoa)'는 영양 성분의 16~20%가 단백질인

고단백 식품이다. 쌀에 비해 칼륨이 6배, 칼슘이 7배, 철분이 20배 이상 많이 들어있어 쌀을 대체하는 주요 식량원이자
완전식품으로 꼽힌다. 필수 아미노산 9종을 함유해 영양 공급 효과가 뛰어나고 식이섬유가 많아 다이어트에도 좋다.

재료 ─────── 1인분

퀴노아 1/2컵(또는 삶은 퀴노아 약 1컵), 오이 1/2개, 방울토마토 5개, 적양파 1/8개(또는 양파),
청상추 1장(또는 다른 잎채소), 다진 허브류(민트, 타임, 쪽파 등) 1~2큰술, 올리브유 1/2큰술,
라임즙 1/2큰술(또는 레몬즙), 다진 마늘 1/2작은술, 소금 약간, 통후추 간 것 약간

만들기 ─────── 1 냄비에 퀴노아를 넣고 물(1컵)을 부어 센 불에서 끓인다.
끓으면 약한 불로 줄여 10~12분간 저어가며 끓인 후 불을 끈다.

2 퀴노아가 물을 다 흡수할 때까지 기다렸다가 볼에 옮겨 담는다.

3 오이는 퀴노아 크기로 잘게 다진다.

4 방울토마토는 3개로 슬라이스하고 적양파는 채 썬다. 청상추는 한입 크기로 썬다.

5 퀴노아가 담긴 볼에 ③, ④의 모든 채소를 넣는다.

6 ⑤의 볼에 다진 허브류, 올리브유, 라임즙, 다진 마늘을 넣고 살살 섞는다.
소금, 통후추 간 것으로 간한다.

떡 샐러드 ──────── 명절이나 행사가 끝난 후 남은 떡을 활용하거나 냉동실에 보관 중인 떡을
맛있게 해결하기에 딱 좋은 메뉴. 단, 떡에 고명이 있거나 설탕이 많이 들어간 것이라면 드레싱과 만나 단맛이
부딪힐 수 있으니 가래떡이나 절편, 떡국 떡, 떡볶이 떡, 백설기와 같이 담백한 떡을 활용하면 좋다.

재료 ──────── **1인분**

떡(가래떡, 절편, 떡국 떡, 떡볶이 떡, 백설기 모두 가능) 1인분(약 100g), 양상추 1장(손바닥 크기),
프리제 1줌(20g, 또는 치커리나 어린잎채소), 치커리 2~3줄기, 래디쉬 3개, 적양파 1/8개(또는 양파),
사과 1/5개(또는 배), 말린 딸기나 베리류 약간(생략 가능)

〈파인애플 두유드레싱〉 파인애플 링 1개(약 100g), 무가당 두유 3큰술(또는 다른 비건 밀크),
레몬즙 1큰술(또는 과일 식초), 매실청 1큰술(또는 조청이나 메이플시럽), 다진 마늘 1작은술, 소금 1/2작은술
* 크리미한 질감의 드레싱을 원한다면 푸드 프로세서에 불린 캐슈너트를 2큰술 정도 넣어준다.
* 드레싱은 두유 마요네즈(만들기 52쪽)에 참기름, 식초(또는 레몬즙)를 조금씩 섞어 대체해도 좋다.

만들기 ──────── **1** 푸드 프로세서에 모든 드레싱 재료를 넣고 곱게 간다.

2 떡은 한입 크기로 썬다.
　• 냉장고에 두어 딱딱해진 떡은 끓는 물에 1분간 데친다.
　냉동한 떡은 실온에 두어 해동하거나 비닐에 담은 채로 찬물에 담가 해동한 후 데친다.

3 양상추, 프리제, 치커리는 먹기 좋은 크기가 되게 손으로 뜯는다.
　래디쉬는 0.2cm 두께로 동그랗게 썬다.
　• 잎채소는 얼음물(또는 냉수)에 담가두면 아삭한 맛이 더해진다.

4 적양파는 채 썬다. 사과는 0.7cm 두께로 껍질째 채 썬다.
　큰 볼에 모든 재료와 드레싱을 넣고 버무린 후 그릇에 담고
　말린 딸기나 베리류를 뿌린다.

tip **샐러드 채소, 프리제**
너풀거리는 잎이 특징인
'프리제(Frisee)'는 고소하면서
쌉싸래한 맛이 나는 샐러드 채소.
치커리의 한 종류로
쌈채소 코너에서 구입할 수 있다.

Dinner

속이 편하고 숙면에 도움이 되는
저녁 채식

하루 일과를 마친 뒤 몸이 나른하고 이완되는 저녁 시간, 이때 마음껏 먹는 과식 습관이
몸에 배면 뱃살로부터 자유로워지기 어렵다. 특히 중년 이후에는 더욱 그렇다.
이제 저녁 식단을 가볍고 영양이 많으면서 소화가 잘 되는 음식, 바로 채식으로 구성해보자.
취침 5시간 정도 전에 식사를 마치고 소화를 충분히 시킨 다음 잠자리에 들면
숙면에도 도움이 된다.

렌틸볼 감자 바나나수프 ——— 부드러운 크림수프에 고소한 미트볼을 더하면 새로운 미각의

세계로 안내할 매력적인 요리가 된다. 버터, 생크림 대신 감자, 바나나, 코코넛밀크로 크리미한 질감과 은은한 풍미의
수프를 만들고, 렌틸콩과 두부를 활용해 담백한 맛의 비건볼을 만들었다. 바삭함을 원한다면 렌틸볼에 비건 빵가루와
통밀가루를 섞어보자.

재료 ——— 2~3인분

〈렌틸볼〉 삶은 렌틸콩 1/2컵(삶는 법 197쪽), 두부 부침용 1/6모(50g), 당근 약 1/10개(20g), 양파 약 1/20개(10g),
통밀가루 1큰술, 전분 1큰술, 소금 1작은술, 통후추 간 것 약간, 강황가루 1작은술, 현미유 1큰술

〈감자 바나나수프〉 감자(중간크기) 2개, 바나나 1개, 코코넛밀크 1컵, 무가당 두유 1컵, 강황가루 1작은술,
소금 1작은술(기호에 따라 가감)

〈토핑〉 고수 2~3줄기, 파슬리가루 약간(생략 가능)

만들기 ——— 1 면포에 두부와 삶은 렌틸콩을 넣어 물기를 꼭 짠다. 당근, 양파는 다진다.
볼에 현미유를 제외한 모든 렌틸볼 재료를 넣고 섞은 후 먹기 좋은 크기의 볼 모양으로 빚는다.

2 감자는 껍질을 벗겨 큼직하게 썬다. 믹서에 모든 수프 재료를 넣고 곱게 간다.

3 달군 팬에 현미유를 두른 후 ①을 넣고 중간 불에서 7~8분간 굴려가며 골고루 익힌다.

4 ②를 냄비에 담아 중간 불로 끓인다. 끓어오르면 약한 불로 줄여 3~4분 더 끓인다.
눌어붙지 않도록 중간중간 저어준다. 고수잎은 한 잎씩 떼어낸다.

5 완성된 수프를 그릇에 담고 렌틸볼을 올린 후 고수잎과 파슬리가루를 뿌린다.

귤껍질 곶감죽 ——————— 환절기에 기침을 심하게 하거나 감기로 입맛이 떨어진 사람에게 추천하는

저녁 메뉴. 귤껍질(진피)은 기침과 가래를 멎게 하고 기의 순환을 도와 몸을 따뜻하게 한다. 또한 풍부한 섬유질과
비타민으로 피로 회복과 소화도 돕는다. 곶감 역시 기관지를 촉촉하게 해서 기침을 멎게 하고 가래를 삭여준다.

재료 ──────── 1인분

현미밥 1/2공기(100g), 귤껍질(중간크기) 1/2개분(또는 볶은 귤껍질 약 1큰술), 곶감 1개(또는 감 말랭이),
호두 1~2알, 대추 1개, 물 1과 1/2컵, 소금 약간

만들기 ──────── 1 푸드 프로세서에 현미밥과 물(1과 1/2컵)을 넣고 밥알이 반 정도 크기가 되게 간다.

2 귤껍질은 잘 씻은 후 꼭지를 떼고 가늘게 채 썬다.
　곶감도 가늘게 채 썬다. 호두는 굵게 다진다.

3 대추는 씨를 제거하고 둥글게 말아 꽃 모양으로 썬다.

4 달군 냄비에 귤껍질을 넣고 중간 불에서 약 2~3분간
　향이 구수하고 향긋하게 오르면서 노릇한 상태가 될 때까지 볶는다.
　* 태울 수 있으니 노릇할 때 불을 끄고 잔열로 더 볶는다.

5 냄비에 ①의 현미밥 간 것과 ④의 귤껍질을 넣고 약한 불에서
　7~8분간 끓인다. 눌어붙지 않도록 중간중간 저어준다.
　* 귤껍질 씹히는 것이 부담된다면, 물에 귤껍질을 넣고 끓여 그 물만
　과정 ①에서 물 대신 쓰면 된다. 끓이는 방법은 물(약 2컵)에 귤껍질을 넣고
　센 불에서 끓어오르면 약한 불로 줄여 5분간 더 끓이면 된다.

6 귤 향이 향긋하게 나면 곶감을 넣고 2~3분간 저어가며 끓인다.
　밥알이 퍼지면 소금으로 간을 맞춘다. 그릇에 담고 잘게 썬
　호두와 대추를 고명으로 얹는다.
　* 완성된 요리 사진처럼 곶감으로 호두를 말아 송송 썰어 올려도 예쁘다.

tip **귤껍질을 볶는 이유**

귤껍질은 몸을 따뜻하게 하는
성질이 있다. 차로 마시거나
식재료로 사용할 때 팬에 볶아 쓰면
풍미가 좋아지고 따뜻한 약성이
상승한다.

으깬 감자, 방울양배추구이 _____

속이 불편하거나 가볍게 한 끼를 해결하고 싶을 때 추천하는 메뉴. 감자에 들어있는 풍부한 비타민C 때문에
유럽에서는 감자를 '대지의 사과'라고 부른다. 감자의 비타민C는 익혀도 쉽게 파괴되지 않으며
식물성 섬유인 펙틴은 변비에 효과적이다. 방울양배추는 양배추보다 영양이 더 풍부하여 3대 슈퍼푸드로
지정된 바 있다. 비타민 K·A·C, 비타민B_1·B_3·B_9(엽산), 단백질 등이 풍부하고 소염 작용을 하며 혈관 건강을 돕는다.
또 방울양배추의 항산화 물질은 해독 작용도 한다.

로메인 샐러드 레시피 131쪽

재료 ────── 2인분

감자(중간크기) 1개, 오이 1/3개, 적양파 1/3개(또는 양파), 방울양배추 8~10개,
양송이버섯 3개, 아몬드 슬라이스 1큰술, 말린 크랜베리 1/2큰술(또는 말린 블루베리나 건포도), 소금 약간

〈발사믹 메이플소스〉 발사믹식초 1큰술, 참기름 1큰술, 메이플시럽 2작은술(또는 조청),
다진 마늘 1작은술, 소금 약간, 통후추 간 것 약간

〈갈릭 마요 머스터드소스〉 비건 마요네즈 1큰술(만들기 52쪽), 홀그레인 머스터드 1큰술, 레몬즙 1큰술,
다진 마늘 1작은술, 소금 약간, 통후추 간 것 약간

만들기 ────── 1 감자는 껍질을 벗긴 후 한입 크기로 썬다.

2 오이는 길게 2등분한 후 얇게 어슷 썬다. 적양파는 가늘게 채 썬다.

3 방울양배추와 양송이버섯은 반으로 썬다. 볼에 발사믹 메이플소스의 재료를 넣어 섞는다.

4 볼에 오이를 넣고 소금을 약간 뿌려 5~10분간 절인 후 물기를 꽉 짠다.

5 냄비에 물(6컵), 감자를 넣고 센 불에서 끓어오르면 중간 불로 줄여 8~10분간 익힌다.
   젓가락으로 찔러서 푹 들어가면 잘 익은 것이다. 체에 밭쳐 물기를 뺀다.

6 감자를 볼에 담아 매셔나 포크로 으깬 후 식힌다. 오븐을 200℃로 예열한다.

7 방울양배추와 양송이버섯을 오븐 팬에 올려 200℃로 예열된 오븐에 넣고 10분간 굽는다.

8 ⑦에 발사믹 메이플소스를 넣어 버무린 후 아몬드, 말린 크랜베리를 뿌려 다시 10~15분간 더 굽는다.

9 ⑥의 감자에 오이, 적양파, 갈릭 마요 머스터드소스의 모든 재료를 넣고 골고루 섞는다. ⑧과 함께 그릇에 담는다.

이 메뉴와 함께 먹기 좋은 로메인 샐러드 만들기
로메인상추(3장)는 3×3cm 크기로 썰고 래디쉬(1개)는 모양대로 얇게 썬다.
드레싱(라임즙 1큰술, 메이플시럽 1/2큰술, 참기름 1큰술)에 버무린다.

오븐 대신 팬에서 굽는 법
달군 팬에 방울양배추, 양송이버섯, 물(3~4큰술)을 넣고 센 불에서 뚜껑을 덮고 3분간 익힌다.
타지 않도록 중간중간 뒤적인다. 뚜껑을 열고 아몬드, 말린 크랜베리, 발사믹 메이플소스를
넣은 후 센 불에서 2~3분간 볶는다.

우거지 된장밥 ──────── 적당히 부드러운 식감과 고유의 풍미가 살아있는 나물의 맛은 독특한

기쁨을 준다. 요즘처럼 바쁜 현대인들에게 나물 요리는 고기 요리보다 더 귀한 음식이 되어버렸다. 일주일에 하루라도
나물을 상에 올려 풍부한 섬유질로 장 건강을 살피자.

재료 ────── 2~3인분

현미 찹쌀 1컵(160g, 불린 후 200g), 삶은 우거지 150g(또는 삶은 시래기나 곤드레, 냉이 등 제철 나물),
들기름 1큰술, 국간장 1큰술, 물 1과 1/4컵, 쪽파 1줄(생략 가능)

〈두부 된장 비빔장〉 두부 된장 1큰술(만들기 55쪽), 통깨 1작은술, 다진 파 1작은술, 다진 마늘 1작은술,
매실청 1작은술, 들기름 1작은술
* 두부 된장이 없다면 부침용 두부 으깬 것 1/2큰술과 된장 1/2큰술로 대체해도 된다.

만들기 ────── **1** 현미 찹쌀은 잠길 만큼의 찬물에 담가 7시간 이상 불린 후 체에 밭쳐 물기를 뺀다.

2 삶은 우거지는 물기를 꼭 짜고 잘게 썬다. 쪽파는 송송 썬다. 두부 된장 비빔장 재료를 섞어둔다.

3 큰 볼에 우거지를 담고 들기름, 국간장을 넣어 조물조물 무친다.

4 냄비에 불린 현미 찹쌀, 우거지, 물(1과1/4컵)을 넣고 센 불에서 끓어오르면
약한 불로 줄이고 뚜껑을 덮은 후 15~18분간 익힌다.
불을 끄고 10분간 그대로 두어 뜸을 들인다.

5 밥이 완성되면 골고루 섞은 후 뚜껑을 덮고 5분간 둔다.
그릇에 담고 쪽파를 뿌린다. 두부 된장 비빔장을 곁들여 비벼가며 먹는다.
* 냄비 대신 전기밥솥을 이용할 경우 현미 모드로 밥을 짓는다.

얼큰한 버섯 누룽지탕 ——————— 속을 편하게 해주는 따뜻한 음식이 먹고 싶을 때 제격인

버섯 누룽지탕. 현미로 만든 누룽지를 넉넉히 구입해두면 누룽지탕은 물론 누룽지죽, 샐러드 토핑 등에 요긴하게
쓸 수 있다. 누룽지에 비건 치즈를 올리면 간식이나 티 푸드로도 손색이 없다.

재료 ──── 1인분

현미 누룽지 약 1컵(60g), 모둠 버섯(느타리버섯, 목이버섯, 팽이버섯 등) 70g, 당근 1/5개, 애호박 1/5개, 양파 1/4개,
청경채 1개, 쑥갓 1/2줌(25g), 다진 청양고추 1작은술, 다진 생강 1/2작은술, 국간장 1큰술,
전분물 3큰술(전분 1큰술+물 3큰술), 고추기름 2큰술(또는 현미유), 채수 3컵(만들기 57쪽), 소금 약간, 통후추 간 것 약간
* 위장이 약한 편이라면 청양고추는 생략하고 고추기름 대신 현미유를 써서 담백하게 만든다.

만들기 ──── 1 느타리버섯은 먹기 좋게 찢고 목이버섯은 한입 크기로 썬다.
팽이버섯은 지저분한 밑동을 잘라낸다.
* 말린 목이버섯을 사용할 경우 물에 20~30분간 불린 후 쓴다.

2 당근, 애호박, 양파는 한입 크기로 얇게 썬다.
청경채는 잎을 떼어낸다. 볼에 전분물 재료를 넣어 섞는다.

3 냄비를 달군 후 고추기름을 두르고 다진 청양고추, 다진 생강을 넣고
중약 불에서 1분 30초간 볶아 향을 낸다.

4 느타리버섯, 목이버섯, 당근, 애호박, 양파, 국간장을 넣고 30초간 볶는다.

5 채수를 붓고 중간 불에서 끓어오르면 10분간 끓인다.

6 약한 불로 줄인 후 누룽지, 팽이버섯, 청경채를 넣고 3~5분간 더 끓인 다음
전분물을 풀어 저어가며 걸쭉해질 때까지 끓인다.
소금, 통후추 간 것으로 간을 맞춘 후 쑥갓을 곁들인다.
* 전분물은 전분이 가라앉지 않도록 넣기 전에 한 번 저어준다.
* 자투리 채소, 두부, 칼국수 면 등을 더 넣어도 맛있다.

tip **고추기름이 없다면?**

과정 ③에서 달군 팬에 현미유를
두르고 다진 청양고추와 생강을 넣어
볶는다. 고춧가루(1작은술)를 넣어
1~2분 정도 더 볶으면 금세 빨갛게
맛깔스러운 고추기름이 된다.

채소 감자탕

몸도 마음도 오슬오슬하고 추운 날,
얼큰하고 따끈한 국물 요리가 당기지만 복잡한 요리는 싫을 때
시도해보면 좋을 채소 감자탕을 소개한다. 육수 대신 채수로 만들어
깔끔하면서도 깊은 맛을 즐길 수 있다.

재료 ──────── 2~3인분

감자(중간크기) 1과 1/2개, 양파 1개, 느타리버섯 1줌(50g), 표고버섯 1개, 대파 20cm, 홍고추 1개, 깻잎 3장,
들기름 2큰술, 다진 생강 2작은술, 다진 마늘 1작은술, 다진 청양고추 1작은술, 고춧가루 1큰술,
국간장 1큰술, 들깻가루 2큰술+1큰술, 채수 1/2컵+3과 1/2컵(만들기 57쪽), 소금 약간, 통후추 간 것 약간
* 위장이 약한 편이라면 청양고추, 고춧가루는 생략하고 담백하게 만든다.

만들기 ──────── 1 감자는 껍질을 벗긴다. 감자와 양파는 사방 3cm 크기로 큼직하게 썬다.

2 느타리버섯은 먹기 좋게 찢고, 표고버섯은 밑동을 제거한 후 0.5cm 두께로 썬다.
대파와 홍고추는 어슷 썰고, 깻잎은 돌돌 말아 채 썬다.

3 달군 냄비에 들기름을 두르고 다진 생강, 다진 마늘, 다진 청양고추,
고춧가루를 넣어 중약 불에서 1분간 볶는다.

4 채수(1/2컵), 감자, 양파, 국간장을 넣고 중간 불에서 2분간 볶은 후
채수(3과 1/2컵)를 더 붓는다.

5 느타리버섯, 표고버섯을 넣어 센 불에서 끓인다.
끓어오르면 약한 불로 줄인 후 들깻가루(2큰술)를 넣고 10분간 끓인다.

6 대파와 홍고추를 넣고 부족한 간은 소금, 통후추 간 것으로 맞춘다.
불을 끄고 깻잎과 들깻가루(1큰술)를 더한다.
* 고추, 고춧가루를 뺀 담백한 감자탕은 아침 식사 대용으로도 좋다.

오색고명 물국수

지금껏 만든 요리 중에 가장 반응이 좋았던 것 중 하나가 채식 물국수였다. 자극적인 맛을 내는 향신료는 적게 쓰고, 인공 조미료는 일절 배제한 채 오직 채소가 지닌 담백하면서도 부드러운 맛에만 집중했다. 육수 특유의 진한 맛은 없지만, 적정한 온도와 시간을 맞춰 끓여낸 깔끔한 국물 맛이 일품이다.

재료 ──────── 1인분

통밀면이나 현미면 1인분(70~100g), 들기름 1작은술

〈국물〉 채수 3컵(만들기 57쪽), 마늘 1쪽, 생강(마늘크기) 2톨, 양조간장 1큰술,
소금 1작은술, 통후추 간 것 약간

〈고명〉 구운 김 1/4장, 애호박 1/5개, 당근 1/5개, 표고버섯 1개, 두부 부침용 1/6모(50g, 또는 두부면),
소금 약간, 강황가루 약간, 현미유 약간

〈표고버섯 양념〉 양조간장 1작은술, 참기름 1작은술, 조청 1작은술(또는 매실청),
다진 마늘 1/3작은술, 통후추 간 것 약간

만들기 ──────── 1 국물을 만든다. 먼저 냄비에 채수를 넣고 센 불에서 끓어오르면 약한 불로 줄인 후
마늘, 생강, 양조간장을 넣어 15분간 더 끓인다. 소금, 통후추 간 것으로 간한다.

2 고명을 준비한다. 김은 가위로 가늘게 자른다. 애호박, 당근, 표고버섯, 두부는 가늘게 채 썬다.

3 볼에 채 썬 표고버섯과 버섯 양념 재료를 넣고 버무린다.

4 달군 팬에 현미유를 두르고 ②의 애호박, 소금(약간)을 넣고 중간 불에서 1분간 볶은 후 덜어둔다.
같은 방법으로 당근, 표고버섯 순으로 볶아 덜어둔다.

5 팬을 닦고 다시 달궈 현미유를 두른 후 두부를 넣고 중간 불에서 2분간 볶아
표면이 익기 시작하면 강황가루를 넣고 뒤섞어 노랗게 색이 배게 한다.

6 끓는 물(4컵)에 통밀면을 넣고 포장지에 적힌 시간대로 끓여 찬물에 헹군다.
 * 포장지에 설명이 없다면, 끓는 물에 면을 넣고 끓어오르면 찬물(1/2컵)을 붓는다.
다시 끓어오르면 찬물(1/2컵)을 한 번 더 붓는다. 또 끓어오르면 불을 끈다.

7 그릇에 면을 담고 고명을 돌려 담은 후 ①의 국물을 붓고 들기름을 뿌린다.
 * 신김치 국물이나 열무김치를 곁들여 먹으면 맛있다.

두부 미나리 들깨 국수 ─────── 고소하고 부드러운 들깨 국물, 미나리 특유의 식감과

향긋한 개성이 만난 요리이다. 미나리는 독특한 향과 풍부한 미네랄 성분을 지녀 여러 증상에 약으로도 사용된다.
특히 황달이나 냉대하를 치료할 때, 이뇨 작용과 해열 작용이 필요할 때도 쓰인다.

재료 ──────── 1인분

통밀면이나 현미면 1인분(70~100g), 두부 부침용 1/3모(100g), 미나리 1줌(50g), 대파 10cm, 소금 약간, 통후추 간 것 약간,
강황가루 약간(생략 가능), 현미유 1큰술, 들깻가루 2큰술, 현미가루 1큰술(또는 쌀가루), 채수 2컵(만들기 57쪽)

〈새콤 달래간장〉 달래 2~3줄기(또는 쪽파나 부추), 양조간장 1큰술, 감식초 1큰술(또는 다른 식초나 레몬즙),
매실청 1작은술, 참기름 1/2작은술

만들기 ──────── 1 두부는 0.7cm 두께, 5cm 길이로 길쭉하게 썬다.
면포나 키친타월 위에 두부를 올린 후 앞뒤로 소금, 통후추 간 것을 골고루 뿌린다.
10분 정도 재운 후 면포나 키친타월로 살살 눌러 물기를 최대한 제거한다.

2 미나리는 5cm 길이로 썰고, 대파는 5cm 길이로 가늘게 채 썬다.

3 달래는 알뿌리 끝에 붙은 까만 것을 떼어내고 알뿌리 겉껍질을 벗긴다.
깨끗이 씻어 잘게 다진다. 볼에 달래간장의 모든 재료를 넣고 섞는다.

4 달군 팬에 현미유를 두르고 두부를 넣은 후 강황가루를 골고루 뿌린다.
중간 불에서 10분간 뒤집어가며 노릇하게 굽는다.

5 끓는 물(4컵)에 통밀면을 넣고 포장지에 적힌 시간대로 끓여 찬물에 헹군다.
  * 포장지에 설명이 없다면, 끓는 물에 면을 넣고 끓어오르면 찬물(1/2컵)을 붓는다.
  다시 끓어오르면 찬물(1/2컵)을 한 번 더 붓는다. 또 끓어오르면 불을 끈다.

6 냄비에 채수를 붓고 들깻가루, 현미가루를 풀어 센 불에서 끓인다.
끓어오르면 중간 불로 줄여 5분간 끓인다. 그릇에 국수, 국물을 붓고
구운 두부, 미나리, 대파를 올린다. 달래간장을 곁들인다.
  * 가루들이 가라앉지 않도록 중간중간 저어가며 끓인다.
  * 끓이기 전에 현미가루를 풀어야 뭉치지 않는다.

tip **두부에 강황가루를 넣어 볶는 이유**

강황의 따뜻하고 소화가 잘 되는 약성이
두부의 찬 성질을 보완하고 시각적으로도
맛있어 보이게 한다. 맛에는 큰 영향이
없으니 번거로우면 생략해도 된다.

두유 코코넛 크림파스타

달콤하고 고소한 비건 크림소스의 풍미가 매력적으로 다가오는 파스타.
와인 한 잔을 곁들이면 로맨틱한 저녁 만찬을 즐길 수 있다.

재료 ———— 1인분

통밀 파스타면 1인분(100g), 양송이버섯 5개, 마늘 2쪽, 양파 1/5개, 올리브유 1큰술, 소금 약간, 통후추 간 것 약간,
다진 파슬리 1/2큰술(또는 파슬리가루), 비건 파마산 치즈가루 2~3큰술(만들기 50쪽)

〈비건 크림 파스타소스〉 무가당 두유 3/4컵(150㎖, 또는 다른 비건 밀크), 다진 마늘 1작은술,
화이트와인 식초 2큰술(또는 청주 2큰술+레몬즙 2큰술), 코코넛밀크 1/2컵(또는 코코넛크림), 소금 약간
* 두유는 수분 함량이 적은 걸쭉한 농도의 두유를 선택하는 것이 좋다.
* 소스는 두유 1컵에 비건 크림치즈 2큰술(만들기 49쪽), 화이트와인 식초 2큰술, 약간의 소금과 통후추 간 것을
넣고 골고루 섞어 간단하게 만들 수도 있다.

만들기 ———— 1 양송이버섯, 마늘은 얇게 편 썰고 양파는 작게 다진다.

2 작은 냄비에 두유와 다진 마늘, 화이트와인 식초를 넣고 골고루 섞은 후 중간 불에서 끓인다.
끓어오르면 약한 불로 줄인 후 2분간 저어가며 끓인다.

3 ②에 코코넛밀크를 넣고 소금으로 간해 소스를 완성한다.

4 끓는 물(7컵)에 소금(1작은술)을 넣고 파스타면을 삶는다.
포장지에 적혀 있는 시간보다 3분 덜 삶는다. 면수(파스타 삶은 물)는 1/2컵 정도 남겨둔다.
* 과정 ⑥에서 익힌 면을 넣고 볶는 시간(3분)을 고려해 면 삶는 시간을 줄인 것이다.

5 달군 팬에 올리브유를 두르고 마늘을 넣어 중간 불에서 1분간 볶는다.
양송이버섯, 다진 양파를 넣고 양송이가 노릇하게 구워진 느낌이 될 때까지 2~3분간 볶는다.
소금, 통후추 간 것으로 간한다.

6 익힌 파스타면과 면수(1/2컵)를 넣어 3분간 더 볶아 그릇에 담는다.
②의 소스를 붓고 비건 파마산 치즈가루와 다진 파슬리를 뿌린다.

비건 오믈렛 ———————— 채식을 하면서 달걀이 들어간 요리를 멀리했더니 달걀 냄새조차 점점
부담스러워졌다. 그러던 차에 우연히 알게 된 비건 달걀 레시피는 요리에 대한 새로운 재미를 느끼게 해주었다.
달걀 냄새가 나지 않는 오믈렛은 폭신하면서도 고소한 맛이 일품. 정통 오믈렛에서 즐기는 다양한 방법 그대로
여러 가지 버전으로 즐길 수 있다. 브런치로도 추천하고 싶은 메뉴!

재료 ──────── 1인분

〈채소〉 양송이버섯 5개, 적양파 1/10개(또는 양파), 파프리카 1/6개, 대파 10cm,
현미유 2작은술+1큰술, 소금 약간, 통후추 간 것 약간

〈비건 달걀〉 감자(중간크기) 1개, 두부 부침용 1/6모(50g), 통밀가루 1/3컵, 전분 1/4컵,
아몬드밀크 2/3컵(약 130㎖, 또는 다른 비건 밀크), 레몬즙 1큰술, 강황가루 1작은술, 다진 마늘 1작은술,
소금 1/2작은술, 통후추 간 것 약간

〈토핑〉 방울토마토 2개, 파슬리가루 1작은술, 비건 파마산 치즈가루 1작은술(만들기 50쪽)

만들기 ──────── 1 양송이버섯은 0.5cm 두께로 모양대로 썬다.
적양파, 파프리카, 대파는 잘게 다진다. 방울토마토(토핑용)는 굵게 다진다.

2 감자는 씻어 껍질을 벗긴 후 작게 썬다. 두부는 면포에 감싸 물기를 꼭 짠다.
푸드 프로세서에 비건 달걀 재료를 모두 넣고 간다.
볼에 담고 ①의 다진 적양파, 파프리카, 대파를 넣어 섞는다.

3 달군 팬에 현미유(2작은술)를 두른 후 양송이버섯을 넣고
중간 불에서 3~5분간 앞뒤로 노릇하게 볶는다.
소금과 통후추 간 것으로 간해 따로 담아둔다.

4 달군 팬에 현미유(1큰술)를 두르고 ②의 비건 달걀 반죽을 넓게 펼친 후
중간 불에 3분간 바닥면만 익힌다. 이때 윗부분이 익지 않도록 주의한다.

5 윗부분이 덜 익었을 때 반쪽 부분에 ③을 올린다.

6 나머지 반쪽 부분을 접어 올린다. 이때 양송이버섯이 보이도록
조금 짧게 덮은 후 중약 불에서 3~4분간 익힌다. 그릇에 담고
다진 방울토마토, 파슬리가루, 비건 파마산 치즈가루를 뿌린다.
취향에 따라 소금, 통후추 간 것을 뿌려 간을 맞춘다.

tip 알고 먹으면 더욱 맛있는 오믈렛

프랑스의 대표 달걀 요리,
오믈렛(omelet)은 달걀을 풀어 얇게
부쳐 만든다. 첨가되는 재료에 따라
다소 짠맛을 내는 '세이보리(savory)
오믈렛'과 달콤한 맛을 내는
'스위트(sweet) 오믈렛'으로 나뉜다.
만드는 법도 다양하다. 달걀과 재료를
팬에 같이 넣고 익히는 방법,
완성 오믈렛에 칼집을 내고 재료를
넣는 방법, 오믈렛 위에 재료를 올리고
반으로 접는 방법 등이 있다.
비건 달걀 만드는 법만 알면 얼마든지
다양하게 비건 오믈렛도 만들 수 있다.

현미밥 스테이크 _____

특별한 만찬을 즐기고 싶을 때 추천하는 메뉴. 현미밥과 비트를 넣어 고기의 쫄깃한 식감과 색감을 재현했다.
소스는 간단하게 토마토케첩을 둘러도 좋고, 올리브유에 편마늘을 볶다가 발사믹 글레이즈와
토마토케첩을 넣어 완성해도 맛있다. 여기에 샐러드와 빵, 와인을 곁들이면 멋진 한 끼의 디너가 완성된다.
현미밥 스테이크는 한꺼번에 여러 개를 만들어 냉동 보관해두면 오래도록 먹을 수 있다.
한 번 먹어보면 속도 편하고 맛도 좋으면서 중독성이 있는 건강한 레시피이다.

재료 ——— 2인분

〈현미밥 스테이크〉 현미 찹쌀밥 1/3공기(70g), 두부 부침용 1/4모(약 75g), 양파 1/5개, 비트 1/4개, 표고버섯 1개, 마늘 2쪽, 전분 1/2컵, 코코넛밀크 1/2컵, 비건 빵가루 2큰술(또는 푸드 프로세서에 간 비건 빵 1조각), 무가당 두유 3큰술, 레몬즙 2큰술, 발사믹식초 1큰술, 구운 파프리카가루 1작은술, 말린 오레가노 1과 1/2작은술, 소금 1작은술, 통후추 간 것 약간, 코코넛오일 2작은술

* 현미밥 스테이크는 한꺼번에 넉넉히 만들어두고 먹어도 좋다. 냉동법과 해동법은 151쪽 tip 참고.

〈비건 바비큐소스〉 다진 양파 1/4개분, 다진 마늘 1큰술, 양조간장 3큰술, 메이플시럽 2큰술(또는 조청), 코코넛밀크 1/3컵(또는 코코넛크림이나 아몬드밀크), 레드와인 1/4컵(또는 포도주스), 발사믹식초 1/4컵, 로즈메리잎 1개(또는 로즈메리가루 약간), 통후추 간 것 약간, 참기름 1작은술, 전분물 3큰술(전분 1큰술+물 3큰술)

〈가니시〉 양송이버섯 1개, 방울양배추 2개, 샬롯 1개(또는 적양파 1/4개), 미니 아스파라거스 3줄기, 로즈메리 2줄기, 소금 약간, 통후추 간 것 약간, 현미유 1작은술

현미밥 스테이크 만들기

1 두부는 면포에 넣고 꼭 짜서 물기를 제거한다.

2 푸드 프로세서나 믹서에 코코넛오일을 제외한 나머지 스테이크 재료를 모두 넣고 알갱이가 살아있도록 살짝살짝 간다.
  * 현미밥은 쾌속모드로 꼬들꼬들하게 지어야 쫀득하고 바삭한 식감을 즐길 수 있다.
  현미밥을 하룻밤 정도 실온에 방치하여 조금 더 꾸들꾸들 해진 다음 만들면 좋다.

3 ②의 반죽을 2등분해서 둥글납작하게 빚는다. 오븐을 200℃로 예열한다.

4 달군 팬에 코코넛오일(2작은술)을 두른 후 반죽을 넣는다.
  중간 불에서 4~5분간 뚜껑을 덮고 중간중간 뒤집어가며 노릇하게 굽는다.

5 오븐 팬에 올려 200℃로 예열된 오븐에서 20분간 굽는다.

비건 바비큐소스 만들기

6 참기름, 전분물을 제외한 모든 소스 재료를 냄비에 넣고 중간 불에서 끓어오르면 약한 불로 줄여
  양파와 마늘이 부드러워질 때까지 약 10분간 저어가며 끓인다.

7 전분물을 풀어 넣고 2~3분간 더 저어가며 끓인 후 불을 끈다. 참기름을 넣어 섞는다.
  * 전분물은 전분이 가라앉지 않도록 넣기 전에 한 번 저어준다.

가니시 만들기 & 스테이크 완성하기

8 양송이버섯, 방울양배추, 샬롯은 먹기 좋게 2~4등분한다.

9 달군 팬에 현미유를 두르고 가니시의 모든 재료를 넣어 섞은 후 중간 불에서 2분간 뚜껑을 덮고 익힌다.
  표면이 노릇하게 익었으면 뚜껑을 열고 1~2분간 더 익힌다. 그릇에 스테이크와 가니시를 담고 소스를 곁들인다.

tip **오븐이 없다면? 팬에서 현미밥 스테이크 굽기**
불세기, 조리시간 등을 잘 맞춰 팬에서만 구워도 된다. 달군 팬에 스테이크 패티를 넣고 뚜껑을 덮은 후 약한 불에서 3분, 뒤집어서 2분간 익힌다. 뚜껑을 열고 뒤집어가며 노릇해질 때까지 10~15분간 굽는다.

임파서블 현미 버거 ——————— 요즘 전 세계는 비건 버거 열풍이 일고 있다.

채식을 한다면서 굳이 고기 맛을 흉내낼 필요가 있냐고 반문하는 이들도 있지만, 채식을 한다고 해서
오랫동안 익숙했던 고기 맛을 포기하기는 쉽지 않다. 건강하고 소화가 잘 되는 레시피로
버거를 만들어 즐길 수 있다면 무엇이 문제인가? 맛있고 영양가 있는 비건 버거는 더 이상 '임파서블' 하지 않다.

재료 ——————— 1인분

현미밥 스테이크 1덩이(만들기 149쪽), 통밀빵 슬라이스 2조각, 양상추 1장(손바닥 크기),
토마토 슬라이스(0.5cm 두께) 2장, 적양파나 양파 슬라이스(0.5cm 두께) 2장, 오이피클 4~5조각, 올리브유 약간,
비건 크림치즈 1큰술(만들기 49쪽), 비건 바비큐소스 1큰술(만들기 149쪽, 또는 토마토케첩), 머스터드 1큰술

만들기 ———————

1 달군 팬에 통밀빵을 넣고 약한 불에서 4~5분간 앞뒤로 굽는다.
  토스터로 구워도 된다.
  * 그릴 팬에 구워 구운 자국을 내도 예쁘다.

2 현미밥 스테이크는 149쪽을 참고해 만들어 구우면 된다.
  냉동해둔 것을 쓴다면 우측의 tip을 참고해 익힌다.

3 통밀빵 안쪽 면에 비건 크림치즈를 바른다.

4 빵 위에 현미밥 스테이크를 얹고 양상추, 오이피클, 토마토, 적양파를 차례로
  올린다. 비건 바비큐소스와 머스터드를 뿌린 후 다른 빵으로 덮는다.
  * 파프리카나 고추피클, 비건 마요네즈(만들기 52쪽)를 넣어도 맛있다.

tip **현미밥 스테이크,
넉넉히 만들어 냉동하기**

비주얼도, 맛도 함박스테이크
못지않은 현미밥 스테이크는
넉넉히 만들어 냉동했다가
요리에 활용하면 편하다.
149쪽에 따라 만들어 둥글넙적하게
모양을 빚은 후 들러붙지 않게
사이사이 종이포일을 끼워 냉동한다.
냉동한 현미밥 스테이크는
비닐에 담아 찬물에 담가두거나
냉장고에 넣어 겉면이 살짝 말랑한
정도만 해동해 요리에 쓰면 된다.

채소 코코넛커리 ─────── 일반적인 카레가루는 닭 육수 등 육류 베이스에 건강하지 못한 첨가물이

들어간다. 커리파우더나 담백한 채식 카레가루, 냉장고 속 자투리 채소를 활용해 비건 커리를 만들어보자.
고소한 맛을 위해 캐슈너트와 코코넛밀크를 더했고, 라임즙과 고수로 이국적인 풍미를 냈다.

재료 ———— 2인분

감자(중간크기) 1개, 당근 1/4개, 양파 1/4개, 완두콩 2큰술, 현미유 1큰술, 커리파우더 2큰술(또는 채식 카레가루),
불린 캐슈너트 70g, 코코넛밀크 1/2컵(또는 코코넛크림),
물 2컵+1/3컵+3큰술, 소금 1/2작은술, 라임 1/2개(또는 레몬이나 즙 2큰술), 다진 고수 1큰술
* 캐슈너트는 찬물에 2시간 이상 불린다. 뜨거운 물에 30분간 불려도 된다. 1/2컵(50g)을 불리면 70g이 된다.

만들기 ———— 1 감자, 당근, 양파를 사방 1cm 크기로 깍둑 썬다.

2 달군 냄비에 현미유를 두르고 감자, 당근, 양파, 완두콩을 넣고 중간 불에서 3분간 볶는다.

3 물(2컵)을 부어 센 불에서 끓어오르면 중간 불에서 10분간 채소가 다 익을 때까지 끓인다.

4 커리파우더를 따뜻한 물(1/3컵)에 개어 놓는다.

5 푸드 프로세서에 불린 캐슈너트와 물(3큰술)을 넣고 곱게 간다.

6 ③을 약한 불로 줄인 후 커리파우더 갠 것, 캐슈너트 간 것, 코코넛밀크를 넣는다.
5분간 더 저어가며 끓인 후 소금으로 간한다. 그릇에 담고 먹기 직전 라임즙, 다진 고수를 뿌린다.
* 걸쭉한 질감을 원한다면 소금으로 간하기 전에 전분물(전분 1큰술+물 1큰술)을 넣고 저어가며 끓인다.
붉은색을 내고 싶으면 토마토 페이스트를 1큰술 정도 더한다.
달콤한 맛을 원한다면 코코넛밀크의 양을 조금 늘려도 된다.

브레드볼 콜리플라워리조또 ——————— 둥근 곡물빵 한가운데 홈을 파고 그 안에 파스타나
리조또, 수프 등을 채우면 색다르게 즐길 수 있다. 빵 속에 칼로리가 낮은 콜리플라워 라이스와 컬러풀한 채소를 넣고
비건 모짜렐라 치즈를 얹어보자. 파네 파스타와 비주얼은 비슷하지만 칼로리는 반으로, 속은 두 배로 편하다.

재료 ──────── 1인분

둥근 곡물빵 1개, 콜리플라워(중간크기) 1/2개(150g), 파프리카 1/6개, 삶은 완두콩 1과 1/2큰술(병조림이나 통조림),
삶은 옥수수알 1과 1/2큰술(병조림이나 통조림), 올리브유 1작은술, 소금 약간, 통후추 간 것 약간,
비건 모짜렐라 치즈 1/2컵(만들기 50쪽), 비건 파마산 치즈가루 1작은술(만들기 50쪽), 파슬리가루 1작은술
* 콜리플라워를 다져 밥알처럼 만든 것을 '콜리플라워 라이스'라고도 부른다.

만들기 ──────── 1 곡물빵의 안을 파내 볼 모양을 만든다.
　　　　　　　　* 파낸 빵은 푸드 프로세서에 갈아 빵가루를 만들어
　　　　　　　　냉동실에 넣어두고 쓴다.

2 콜리플라워를 잘게 다지거나 푸드 프로세서에 갈아
　 콜리플라워 라이스를 만든다. 파프리카는 다진다.

3 달군 팬에 올리브유를 두르고 콜리플라워 라이스, 다진 파프리카,
　 완두콩, 옥수수알을 넣어 3분간 볶은 후
　 소금, 통후추 간 것으로 간한다. 오븐을 200℃로 예열한다.

4 곡물빵 안에 ③과 비건 모짜렐라 치즈를 일부 섞어 넣고
　 윗부분에 남은 비건 모짜렐라 치즈를 뿌린다.
　 오븐 팬에 올려 200℃로 예열된 오븐에서 20분간 굽는다.
　　* 비건 모짜렐라 치즈 대신 비건 모짜렐라 치즈소스(만들기 50쪽)를
　　활용하면 치즈가 흐르는 느낌을 연출할 수 있다.

5 그릇에 담고 비건 파마산 치즈가루, 파슬리가루를 뿌린다.

tip **오븐 대신 팬에서 만들기**
팬으로 조리할 때는 ③의 과정에서
3분간 볶은 후 비건 모짜렐라 치즈
전부를 넣고 2분간 더 볶은 후 곡물빵
안에 넣는다. 깊이가 있는 팬에
종이포일을 깔고 빵을 넣은 후 뚜껑을
덮어 약불에서 4~6분 정도 익힌다.

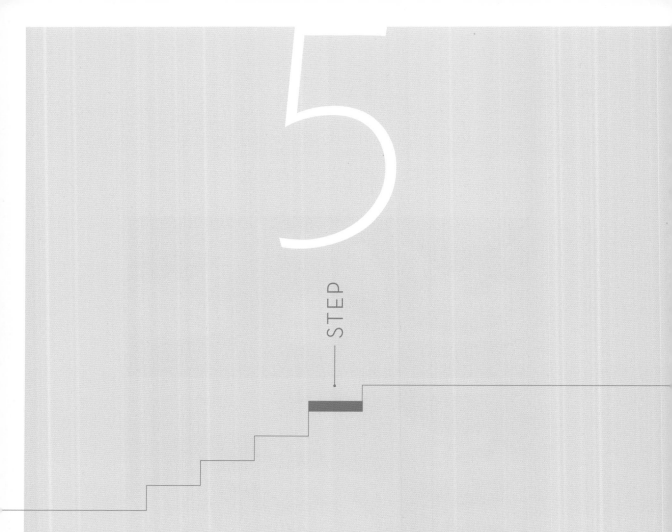

STEP 5

채식 연습 5단계

이런 때, 이런 날에도 채식에 도전하기

4단계와 함께한 일상의 채식 라이프가 어땠는가? 채식에 대한 막연한 거부감이나
맛이 없다는 고정관념을 깨고 채식의 즐거움, 호기심을 느끼기 시작했다면
더없이 좋겠다. 채소의 종류는 무궁무진해서 일상에서 채소로 즐길 수 있는
채식 요리 역시 굉장히 다양하다.
5단계에서는 일상식에서 한걸음 나아가 다양한 상황에 어울리는 채식 요리를 제안한다.
건강을 관리하고 근육을 만들기 위한 운동 전후 채식부터 보양이 필요한 날의
든든한 채식, 기분 전환에 도움이 되는 채식, 홈 파티가 열리는 날 모두 함께 즐기기
좋은 푸짐한 채식까지 골고루 담았다. 채식 요리의 매력은 끝이 없다.

아보카도 두유 레시피 160쪽

사과 스피룰리나 스무디 레시피 160쪽

미소된장 단호박수프 레시피 161쪽

운동 전후에는
단백질, 수분 듬뿍 채식

채식을 하면 근육이 부족할 것이라는 생각은
편견에 불과하다. 채식 식단은 풍부한 섬유질과
단백질을 함유하며, 소화가 잘 되고
혈압과 당 수치를 안정시키기 때문에 나이가
들어서도 오랫동안 젊음을 유지하는 비결이 된다.
단, 건강한 채식을 규칙적으로 먹는 게 중요하다.
근육량을 늘리기 위해 식물성 단백질이 풍부한
재료들을 듬뿍 넣어 메뉴와 식단을 짜보자.

point

근육량을 늘리려면 운동 전에 식사하기
운동 전에 단백질이 풍부한 식사를 하면 운동 시
근육 생성과 지방 분해에 도움이 된다. 특히 저체중인
사람이 공복에 운동을 하면 근육 손실이 와서
운동 효과가 떨어진다. 운동하기 2~3시간 전에
식사를 하되 너무 포만감 있는 식사 대신
영양이 풍부한 고단백 식사를 한다.

체중을 줄이려면 운동 후에 식사하기
공복 상태에서 운동을 하면 저혈당 상태에서
체지방을 에너지원으로 삼기 때문에 지방 분해 효과가
상승되므로 운동 후 가볍게 식사하자.

잠깐! 닭가슴살에 대해 생각해보세요
밀집 사육방식으로 기르는 닭들은 면역력이 약해
바이러스 감염에 취약하므로 항생제를 다량 사용한다.
또한 성장호르몬제로 빨리 키워진다.
운동이나 다이어트를 할 때 많이 먹는 가공 닭가슴살의
경우에는 항미증진제와 첨가물까지 많이 들어있으니
건강을 위해 꼭 먹어야 하는지 한 번 더 고민해보자.

아보카도 두유 ——————— 콩은 절반 이상이 단백질로 구성된 식품으로, 특히 콩에 들어있는
아미노산은 근육을 만들기 위해 꼭 필요한 영양소이다. 콩으로 만든 두유에 미네랄과 비타민, 섬유질, 불포화지방산이
풍부한 아보카도를 더해 체지방은 줄이고 근육은 늘리는 메뉴를 개발했다. 토핑으로 단백질, 섬유질을 다량 함유한
햄프씨드를 곁들이면 맛과 비주얼, 영양이 더 좋아진다.

재료 ——————— 1인분
아보카도 1개, 무가당 두유 1컵(또는 아몬드밀크나 귀리밀크),
소금 약간, 햄프씨드 약간

만들기 ——————— 1 아보카도는 씨와 껍질을 제거한 후 큼직하게 썬다. (손질법 113쪽)
2 믹서에 아보카도, 두유를 넣고 곱게 간다.
  * 두유의 양을 가감해 원하는 농도가 되도록 조절한다.
3 소금으로 간을 맞춘 후 컵에 담고 햄프씨드를 토핑한다.

사과 스피룰리나 스무디 ——————— 해조류인 '스피룰리나(spirulina)'는 풍부한 단백질과 섬유질,
미네랄을 함유한 으뜸 건강식품이다. 다만 특유의 미끈거림과 독특한 냄새가 나서 먹기 부담스럽게 느껴질 수 있다.
이를 보완하기 위해 부드러운 단맛과 상큼한 신맛이 나는 과일을 활용하면 좋다.

재료 ——————— 1인분
사과(중간크기) 1/2개, 파인애플 링 1개,
바나나 1/2개, 스피룰리나 가루 1큰술(재료 설명 44쪽),
비건 밀크(두유, 아몬드밀크, 귀리밀크, 코코넛밀크 등) 1/2컵

만들기 ——————— 믹서에 모든 재료를 넣고 곱게 간다.

미소된장 단호박수프 ——————— 우리 몸의 간은 근육을 주관하는 중요한 기관이다.

간을 보호하고 단백질을 보충하기 위해 이 수프를 추천한다. 된장은 단백질을 보충하고, 단호박과 강황은 소화를 원활하게 한다. 생강은 속을 따뜻하고 편안하게 하고, 레몬즙은 항산화 작용과 간 기능을 활성화시킨다.

재료 ——— 1인분

단호박 1/3쪽(약 150g), 물 1과 1/2컵, 코코넛밀크 1/2컵,
미소된장 1큰술(또는 두부 된장 55쪽), 현미가루 1큰술(또는 쌀가루),
레몬즙 1큰술(생략 가능), 강황가루 1/2작은술, 다진 생강 1/3작은술, 쪽파 2줄기

만들기 ——— 1 단호박은 씨를 제거한다. 김이 오른 찜기에 단호박을 넣고
10~15분 정도 찐다. 젓가락으로 찔러서 푹 들어가면 다 익은 것이다.

2 냄비에 물, 코코넛밀크, 미소된장, 현미가루, 레몬즙,
강황가루, 다진 생강을 넣고 잘 풀어 섞는다.
중간 불에서 끓어오르면 2분간 저어가며 끓인다.

3 찐 단호박을 한입 크기로 썰어 그릇에 담고 ②를 붓는다. 쪽파를 송송 썰어 올린다.
* 쪽파 대신 고수잎을 다져 넣어도 잘 어울린다.

tip **레몬즙에 따라 달라지는 맛**

레몬즙에 따라 풍미가 조금 다르게
느껴지는 메뉴이니, 기호에 따라
선택하자. 레몬즙을 넣지 않으면 단호박과
미소된장이 어우러져 우리에게 친숙한
구수하면서도 달큰한 풍미를 즐길 수 있다.
레몬즙을 넣으면 상큼한 맛이 더해지면서
이국적인 풍미를 느낄 수 있다.
실제 이 메뉴는 해외 유명 채식 레스토랑의
메뉴를 가정식으로 만든 것이다.

피곤하고 지치고
힘든 날에는
든든한 채소 보양식

한방에서는 건강을 음과 양의 조화로운 상태라고
설명한다. 건강한 사람도 균형을 잃어버리면
병을 얻고, 병든 사람도 균형을 찾으면
건강해진다는 의미이다. 먹을 것이 부족한
시대에 살았던 예전 어르신들처럼
일 년에 한두 번 고칼로리·고단백·고지방 음식으로
보양을 해야하는 시대는 지났다.
이제는 고섬유질·고미네랄·고비타민의
채식 섭생법이야말로 잃어버린 영양의 균형을
되살려주는 보양식이 아닐까? 이 시대에 맞는
보양식으로 피로를 풀고 면역력을 향상시키자.

현미밥과 가지 템페구이 레시피 164쪽

얼큰한 버섯 들깨탕 레시피 165쪽

현미밥과 가지 템페구이 ———— 고기의 질감과 비슷한 가지, 고기의 영양을 지닌 템페를

함께 넣은 단백질 보양식. 가지를 작게 썰어 요리해도 되지만, 모양대로 길게 반으로 썰어서 구워 스테이크를 자르듯
포크와 나이프를 이용해 먹으면 새롭다. 비건 모짜렐라 치즈(만들기 50쪽)를 함께 구워도 맛있다.

재료 ———— 1인분

현미밥 1/2공기(약 100g), 가지(중간크기) 1개, 템페 100g(재료 설명 45쪽), 노란 파프리카 1/4개, 홍고추 1개, 마늘 3쪽,
다진 생강 1작은술, 송송 썬 쪽파 1큰술, 통깨 2작은술, 파슬리가루 1작은술, 현미유 1큰술+약간(또는 올리브유)
• 템페가 없다면 부침용이나 옛날식으로 만든 단단한 두부를 썰어서 대체해도 된다.

〈발사믹 간장소스〉 양조간장 2큰술, 발사믹식초 3큰술, 조청 1큰술, 다진 마늘 1작은술, 참기름 2작은술,
통후추 간 것 약간

만들기 ———— 1 가지는 길게 2등분하여 안쪽에 열십(+)자로 잘게 칼집을 낸다.

2 템페는 길쭉하게 0.7cm 두께로 자른다. 파프리카는 다지고, 홍고추는 어슷 썬다. 마늘은 모양대로 편 썬다.
볼에 소스 재료를 섞어둔다.

3 달군 팬에 현미유(1큰술)를 두르고 중약 불에서 홍고추, 마늘, 다진 생강을 넣어 1분간 볶아 덜어둔다.

4 달군 팬에 현미유를 바른 후 가지와 템페를 넣고 뚜껑을 덮어 중간 불에서 5분간 굽는다. 중간중간 뒤집어준다.
* 가지와 템페를 그릴 팬에 구우면 그릴 자국이 생겨 멋스럽다.

5 약한 불로 줄인 후 뚜껑을 열고 앞뒤로 소스를 발라가며 5분간 더 굽는다.
그릇에 담고 위에 다진 파프리카, ③, 송송 썬 쪽파, 통깨, 파슬리가루를 뿌린다. 현미밥을 곁들인다.

얼큰한 버섯 들깨탕 ──────── 얼큰한 탕에 술 한 잔 곁들여 피로와 스트레스를 푸는 것은

어느덧 우리의 정서가 되어버렸지만 이러한 식단은 고혈압, 비만, 당뇨, 심혈관계 질환을 부른다.
이 메뉴는 노곤함도 풀고 건강도 챙길 수 있는 레시피이다. 처음에는 고기가 없어 허전할 수 있지만, 먹을수록 속이
따뜻해지면서 피로가 사르륵 풀리는 것을 느낄 수 있다.

재료 ──────── 1인분

모둠 버섯 1줌(새송이버섯, 느타리버섯, 노루궁뎅이버섯 등, 75g),
묵은지 1컵(또는 익은 김치, 150g), 대파 20cm, 들깻가루 1/2컵, 현미가루 1큰술(또는 쌀가루),
다진 마늘 1큰술, 소금 약간, 채수 3컵(만들기 57쪽)

만들기 ──────── 1 모둠 버섯은 먹기 좋게 손으로 찢거나 칼로 썰어 준비한다.

2 대파는 어슷 썰고, 묵은지는 속을 털어 한입 크기로 썬다.
　　* 위장이 약한 편이라면, 묵은지의 자극적인 양념을 물로 씻은 후 들기름에 한 번 볶아 넣는다.

3 냄비에 채수를 붓고 센 불에서 끓어오르면 들깻가루와 현미가루를 넣고 섞어 중간 불에서 3~4분간 끓인다.

4 냄비에 버섯, 묵은지, 다진 마늘을 넣고 약한 불로 줄여 7~8분간 끓인 후 어슷 썬 대파를 넣고 소금으로 간한다.

채소 샤부샤부

새소리, 바람소리, 풀벌레 소리가 들리는 숲속에서 몸과 마음을 이완하고 가볍게 식사를 하는 장면은 상상만 해도 편안한 느낌이 든다. 채소 보양식을 즐길 때만큼은 자연의 소리가 들리는 음악이나 작은 허브 화분을 식탁 위에 올려 놓으면 어떨까? 채식 요리의 정서를 한껏 더 풍요롭게 만들어줄 것이다.

재료 ——— 1인분

모둠 버섯 1줌(새송이버섯, 느타리버섯, 노루궁뎅이버섯 등, 75g), 두부 1/3모(100g), 알배기배추 2장(손바닥 크기), 쑥갓 2줄기, 당근 1/5개, 채수 3컵(만들기 57쪽), 양조간장 2큰술

〈땅콩 간장 디핑소스〉 양조간장 1큰술, 레몬즙 1큰술(또는 식초), 매실청 1큰술, 땅콩버터 1큰술(또는 곱게 간 견과류), 다진 파 1작은술, 다진 마늘 1작은술, 된장 1작은술, 참기름 1작은술
• 땅콩이나 견과류를 거칠게 다져 소스에 넣으면 채소를 먹을 때 새로운 식감으로 즐길 수 있다.

만들기 ———
1 모둠 버섯은 먹기 좋게 손으로 찢거나 칼로 썰어 준비한다.

2 두부, 알배기배추, 쑥갓은 한입 크기로 썬다. 당근은 얇게 어슷 썬다.

3 볼에 디핑소스 재료를 넣고 섞는다.

4 냄비에 채수와 양조간장을 넣고 중간 불에서 끓어오르면 준비한 재료를 조금씩 넣어 국물에 익혀 디핑소스에 찍어 먹는다.

tip

채소 샤부샤부에 곁들이면 잘 어울리는 채소들

버섯류 팽이, 목이, 새송이, 느타리, 노루궁뎅이 버섯 등
잎채소류 배춧잎, 깻잎, 쑥갓, 셀러리, 양배추 등
뿌리채소류 연근, 무, 마, 당근, 양파 등
기타 두부, 유부, 두부면, 현미국수 등

"요즘 기분이 좀 가라앉네요. 뭔가 색다른 채식 메뉴가 필요해요!"

매콤한 비건 타코 레시피 170쪽

블루베리 과일 팬케이크 레시피 171쪽

스트레스가 많고
우울할 때는
기분 전환 채식

대부분 현대인들의 내면 깊은 곳에는
우울한 자아가 숨어있다. 겉으로는 명랑하고
밝아 보이지만 혼자만의 시간이 주어지면
침울하고 가라앉은 자아가 손을 내민다.
이제 나를 좀 안아 달라고 말이다.
우울함을 달래는 여러 가지 방법들이 있다.
친구를 만나 수다를 떨거나, 좋아하는 영화를
보는 것도 방법이다. 여기에 맛있는 음식까지
곁들인다면 우울함은 잠시 내리는 빗줄기처럼
곧 그치게 될 것이다. 기분 전환에 딱 좋은
채식 요리들을 만들다보면 저절로 콧노래를
흥얼거리는 나를 마주하게 된다.

매콤한 비건 타코 ——— 얼큰한 국물요리로 풀리는 스트레스도 있지만,

한순간 눈을 질끈 감게 만드는 화끈하게 매운 고추의 맛이 그리운 날도 있다.
한방에 간단하게 스트레스를 날려주는, 할라페뇨를 넉넉히 넣은 매콤한 비건 타코로 무거운 기분을 싹 바꿔보자.

재료 ——— 1~2인분

통밀 또띠야 2장, 적양배추 1/5장, 오이 1/4개, 방울토마토 6개, 할라페뇨피클 2~3개, 고수 2줄기,
호박씨 2큰술(또는 다른 견과류)
〈비건 마요 발사믹소스〉 비건 마요네즈 1큰술(만들기 52쪽), 홀그레인 머스터드 1큰술, 발사믹 글레이즈 1큰술
* 발사믹 글레이즈는 발사믹식초에 당류를 더해 졸인 새콤달콤한 소스이다.
발사믹식초 1큰술과 조청 1작은술로 대체해도 된다.

만들기 ——— 1 적양배추와 오이는 가늘게 채 썬다.

2 방울토마토는 모양대로 3~4등분한다. 할라페뇨피클과 고수는 먹기 좋게 썬다.

3 볼에 모든 소스 재료를 넣고 섞는다.

4 달군 팬에 또띠야를 넣고 중약 불에서 3분간 뒤집어가며 노릇하게 굽는다.

5 구운 또띠야에 소스를 바르고 모든 재료를 올린다. 먹을 때는 반으로 접어서 먹으면 편하다.

블루베리 과일 팬케이크 ──────── 단맛이 무조건 나쁜 것이라는 편견을 버리자. 단맛은 긴장을

풀어주고 허한 것을 보해주는 묘약이다. 블루베리 과일 팬케이크는 조금은 로맨틱해지고 싶은 시간, 달달한 무언가를
먹고 싶을 때, 소중한 사람과 달콤한 시간을 보내게 해주는 음식이다.

재료 ──────── 2인분

코코넛오일 1작은술

〈반죽〉 통밀가루 1컵, 전분 1/2컵, 코코넛밀크 1컵(또는 다른 비건 밀크), 베이킹파우더 2작은술,
소금 1작은술, 설탕 1작은술(기호에 따라 가감), 비트가루 1작은술(또는 자색고구마가루, 생략 가능), 레몬즙 1큰술
* 통밀가루는 브랜드마다 질감이 다르니 반죽 상태에 따라 코코넛밀크의 양을 더하거나 줄여도 된다.

〈토핑〉 블루베리 1컵, 조청 2큰술(또는 메이플시럽, 기호에 따라 가감), 생과일(베리류, 바나나, 사과 등) 적당량,
계핏가루 약간, 애플민트 약간(생략 가능)

만들기 ──────── 1 작은 냄비에 블루베리와 조청을 넣고 약한 불에서 10분간 뭉근하게 저어가며 졸인다. 토핑용 생과일은 먹기 좋게 썬다.

2 볼에 모든 반죽 재료를 넣고 골고루 섞는다.

3 달군 팬에 코코넛오일을 두르고 반죽을 펼쳐 중간 불에서 5~7분간 뚜껑을 덮고 굽는다.
뒤집어가며 앞뒤로 노릇하게 구운 후 그릇에 담고 ①의 블루베리 조림, 생과일, 계핏가루, 애플민트를 곁들인다.
• 반죽은 속까지 익혀야 한다. 이쑤시개로 찔러 반죽물이 묻어나지 않으면 다 익은 것이다.
• 아몬드 슬라이스나 다진 피칸 또는 피스타치오를 곁들이면 맛있다.

연근 브로콜리 피자

평소 가족들과 외식할 때나 배달 음식으로 자주 선택했던 피자를 아주 건강하게 만드는 법을 소개한다. 베이킹이 익숙하지 않은 사람도 걱정할 필요 없다. 정통 피자 도우를 만드는 법보다 손쉽고, 소스도 간편하고 맛있는 레시피로 담았다.

재료 ——— 2~3인분

〈도우〉 통밀가루 1과 1/2컵, 설탕 1큰술, 소금 1/2작은술, 이스트 약 2작은술(5g), 따뜻한 물 9큰술, 코코넛오일 1작은술

〈토핑〉 연근 슬라이스 5개(0.5cm 두께로 썬 것), 브로콜리 약 1컵(다양한 색깔의 브로콜리를 한입 크기로 썬 것),
비건 모짜렐라 치즈나 크림치즈 3큰술(만들기 49, 50쪽), 비건 파마산 치즈가루 약간(만들기 50쪽, 생략 가능), 어린잎채소 약간
* 블랙 올리브 슬라이스나 채 썬 양파 등을 올려도 맛있다.
* 비건 치즈는 1가지만 넉넉히 사용해도 된다. 치즈소스(만들기 50쪽)를 활용하면 녹아 흐르는 느낌을 연출할 수 있다.

〈프레쉬 토마토소스〉 토마토 4개, 양파 1개, 다진 마늘 2큰술, 올리브유 3큰술, 월계수잎 1장, 소금 1/2작은술, 통후추 간 것 약간

도우 반죽하기

1 큰 볼에 통밀가루, 설탕, 소금을 담는다.
작은 볼에 이스트와 따뜻한 물(9큰술)을 넣어 섞는다.

2 큰 볼에 작은 볼의 이스트 풀어놓은 것을 넣고 반죽을 치댄다.
한 덩어리가 되면 코코넛오일을 넣어 반죽한 후 동그랗게 만든다.
볼에 랩을 씌운 후 따뜻한 실온에서 30분간 숙성시킨다.

소스 만들기

3 토마토 꼭지의 반대쪽에 열십(+)자로 칼집을 넣는다.
끓는 물에 토마토를 넣고 굴려가며 3분간 익힌다.
건져서 찬물에 헹군 후 껍질을 벗겨 곱게 다진다. 양파는 잘게 다진다.

4 달군 팬에 올리브유를 두르고 다진 양파와 다진 마늘을 넣고
약한 불에서 3분간 볶는다. ③의 토마토와 월계수잎을 넣고
15~20분간 저어가며 졸인다. 불을 끄고 월계수잎을 건진 후
소금, 통후추 간 것으로 간한다.

피자 만들기

5 ②의 도우 반죽을 밀대로 밀어 둥글게 편 후 가장자리 부분을
살짝 말아준다. 오븐을 200℃로 예열한다.

6 오븐 팬에 도우를 올리고 포크로 바닥에 여러 번 구멍을 낸 후
소스를 바른다. 연근, 브로콜리, 비건 모짜렐라 치즈를 올린다.

7 200℃로 예열된 오븐에 넣고 20분간 굽는다.
그릇에 담고 어린잎채소를 올린 후 비건 파마산 치즈가루를 뿌린다.

 tip

오븐 대신 팬에서 굽는 법
연근과 브로콜리는 익는 시간이
오래 걸리니 미리 익힌다. 연근은
달군 팬에 식용유를 두르고 중약 불에서
5~7분간 앞뒤로 노릇하게 굽는다.
브로콜리는 끓는 물에 30초간 데친다.
팬에 현미유(2작은술)를 두른 후
종이포일을 깔고 그 위에
현미유(1큰술)를 바른다.
도우, 소스, 토핑 등을 올리고
중약 불에서 뚜껑을 덮고 상태를
확인해가며 10~15분간 굽는다.

남은 소스 보관법
밀폐용기에 담아 냉동실에서 1개월간
보관 가능하다. 냉장실에서 해동한다.

초간단으로 즐기기
통밀 또띠야를 이용하고, 냉장고 자투리
채소들을 활용해 만든다. 비건 치즈가
없다면 견과류를 듬뿍 뿌린다.

후무스를 곁들인 컬러풀 채소와 수박 피자 레시피 176쪽

굽지 않는 딸기 호두파이 레시피 177쪽

모둠 채소꼬치 바비큐 레시피 177쪽

특별한 날
내놓아도 손색없는
홈 파티용 채식

집에서 자신만의 라이프스타일을 즐기는
사람들이 늘면서 소소하게 홈 파티를 여는
가정이 많아졌다. 사랑하는 가족, 친구들이
모이는 자리에 특별한 채식 요리를
선택해보면 어떨까?
채식 요리의 가장 큰 매력은 오색찬란한
컬러감과 경쾌한 식감이다. 싱그러운 채소
본연의 건강한 맛까지 더해지니 보는 재미와
먹는 즐거움을 골고루 제공한다.

후무스를 곁들인 컬러풀 채소와 수박 피자 ──────── 나무 데크가 있는 바닷가

펜션에서 여름을 보낸 적이 있다. 쏟아지는 오후 햇살이 너무 좋아 친구들을 초대해 가벼운 홈 파티를 열었다.
그때 만들었던 음식이 바로 수박 피자. 준비하기 부담 없고 보는 것만으로도 힐링이 되는 메뉴이다.

재료 ─────── 5~7인분

〈후무스〉 삶은 병아리콩 1컵(삶는 법 117쪽, 병조림이나 통조림도 가능), 통깨 2큰술, 물 2큰술, 레몬즙 1큰술,
올리브유 3큰술, 강황가루 1작은술, 소금 1/3작은술, 다진 마늘 1작은술

〈후무스 곁들임〉 올리브유 약간, 파슬리가루 약간,
채소(셀러리, 베이비 당근 등) 적당량, 스낵(나초, 현미과자, 누룽지 등) 적당량

〈수박 피자〉 수박 모양대로 1.5~2cm 두께로 썬 것 1개,
과일(방울토마토, 블루베리 등) 적당량, 민트잎 약간, 비건 다크초콜릿 5~8조각

후무스 만들기

1 푸드 프로세서에 후무스의 모든 재료를 넣고 곱게 간다.
완성된 후무스를 그릇에 담고 가운데 홈을 내서 올리브유(약간)를 넣고
파슬리가루(약간)를 뿌린다.
  * 재료를 넣고 갈 때 너무 뻑뻑하면 물 1~2작은술을 더한다.
  * 구운 파프리카가루도 함께 뿌리면 더욱 풍미가 좋다.

2 먹기 좋게 손질한 채소와 스낵을 곁들인다.

수박 피자 만들기

1 수박을 8등분한다. 방울토마토는 먹기 좋게 2~4등분한다.

2 큰 접시에 수박을 옮겨 담고 방울토마토, 블루베리 등을 올린 후
민트잎, 다크초콜릿을 뿌린다.

굽지 않는 딸기 호두파이

—————— 자연 그대로의 맛이 담겨있는 비건 디저트의 달콤함은 그야말로
착하다. 과하게 달지 않은 과일에 곶감의 쫄깃함과 호두의 고소함을 더해 심플하면서 근사한 디저트를 완성했다.
파이 틀만 만들어 냉동해두면 원할 때 꺼내 만들 수 있고, 갑자기 방문한 손님에게도 대접할 수 있다.

재료 ——— 2~3인분

딸기 약 10개(또는 무화과, 블루베리, 사과, 자몽, 바나나 등 제철 과일류), 곶감 약 2~3개(100g),
호두 20알, 코코넛오일 1큰술, 소금 1/3작은술, 계핏가루 약간
* 반건시 곶감은 속살이 너무 무르기 때문에 일반 곶감이나 감말랭이를 사용한다.
* 파이 틀을 더 견고한 질감으로 만들고 싶다면 과정 ②에서 대추야자 2~3개를
  추가하면 좋다.

만들기 ——— 1 곶감은 물에 담가 물컹한 상태가 되게 30분간 불린다.
체에 밭쳐 물기를 빼고 면포나 키친타월로 가볍게 물기를 제거한다.

2 곶감, 호두, 코코넛오일, 소금을 푸드 프로세서에 넣고 간다.

3 타르트 틀(지름 20cm)에 ②를 납작하게 눌러 담고 냉장고에서 1시간 정도 굳힌다.

4 딸기를 손질해 먹기 좋게 썬다.

5 ③을 틀에서 꺼낸 후 딸기를 예쁘게 올리고 계핏가루를 뿌린다.
완성된 파이를 먹기 좋게 8등분한다.
* 과일은 먹기 직전에 썰어 올려야 파이가 눅눅해지지 않는다.

모둠 채소꼬치 바비큐

—————— 세계 각국의 친구들과 함께 야외 명상 프로그램에
참여한 적이 있다. 마지막 날, 모두가 함께 즐겼던 요리가 바로 모둠 채소꼬치 바비큐였다.
같은 재료도 꼬치에 끼워 즐기면 놀이를 하는 기분이 들어 파티 요리로 제격이다. 야외 캠핑 요리로도 강추한다.

재료 ——— 2~3인분

방울토마토 5개, 양송이버섯 3개, 파프리카 1/2개, 브로콜리 1/3개, 양파 1/2개,
템페 100g(재료 설명 45쪽), 현미유 약간
〈갈릭 발사믹소스〉 양조간장 3큰술, 발사믹 글레이즈 3큰술,
구운 파프리카가루 1작은술, 다진 마늘 2작은술, 레몬즙 2작은술, 참기름 2작은술
* 발사믹 글레이즈는 발사믹식초에 당류를 더해 졸인 새콤달콤한 소스이다.
발사믹식초 3큰술과 조청 2큰술로 대체해도 된다.

만들기 ——— 1 모든 재료들을 손질해 한입 크기로 썬다.
꼬치에 알록달록하게 색이 엇갈리게 끼운다.

2 볼에 소스 재료를 넣고 섞는다.

3 달군 팬에 현미유를 두르고 채소꼬치를 올려 중간 불에서 7~10분간
앞뒤로 노릇하게 구워 그릇에 담는다. 소스를 곁들인다.
* 야외에서는 돌판에 굽거나 바비큐 그릴을 사용해 구워도 좋다.

구운 두부바와 방울양배추구이 ──────── 친구들끼리 둘러앉아 수다 떨며 즐기기 딱 좋은 메뉴.

캐나다 벤쿠버 옆 작은 섬인 보웬에서 햇살 좋은 오후, 야외 카페에 앉아 노트북을 두드리며 먹었던 그 집 두부바의
맛을 잊을 수 없다. 소스가 매콤 달콤해서 한입 베어 물 때마다 기분이 좋아졌다. 처음 경험하는 두부의 맛!
스파클링 와인이나 에이드 한 잔을 곁들여도 잘 어울린다.

재료 ———— 2인분

〈구운 두부바〉 부침용 두부 1/2모(150g), 전분 3큰술, 소금 약간, 통후추 간 것 약간, 검은깨 1큰술,
호박씨 2작은술(또는 다른 견과류, 생략 가능)

〈두부바 소스(매콤 토마토소스)〉 비건 빵가루 4큰술, 핫소스 2큰술, 토마토케첩 2큰술, 조청 1큰술, 참기름 1큰술,
구운 파프리카가루 1/3작은술(생략 가능), 다진 마늘 2작은술, 레몬즙 2작은술, 양조간장 1작은술, 통후추 간 것 약간
• 핫소스와 양조간장 대신 고추장 2큰술을 넣어도 된다.

〈방울양배추구이〉 방울양배추 2컵(200g), 레몬즙 2큰술, 올리브유 1큰술, 아몬드 슬라이스 약간

〈방울양배추구이 소스(캐슈크림 겨자소스)〉 불린 캐슈너트 70g, 레몬즙 1큰술, 연겨자 1큰술,
메이플시럽 1큰술(또는 조청), 다진 마늘 1작은술, 소금 1/2작은술, 통후추 간 것 약간
• 캐슈너트는 찬물에 2시간 이상 불린다. 뜨거운 물에 30분간 불려도 된다. 1/2컵(50g)을 불리면 70g이 된다.

구운 두부바 만들기

— 1 볼에 두부바 소스 재료를 넣고 섞는다.

2 두부를 1.5cm 두께로 길쭉하게 썬 후 전분, 소금, 통후추 간 것을
앞뒤로 골고루 묻힌다. 오븐을 180℃로 예열한다.

3 두부에 ①의 소스 1/2 분량을 앞뒤로 골고루 발라 오븐 팬에 올린다.
180℃로 예열된 오븐에 넣고 15분간 굽는다. 소스를 한 번 더 바르고
검은깨와 호박씨를 뿌린 후 다시 오븐에 넣고 15분간 더 굽는다.

방울양배추구이 만들기

— 1 푸드 프로세서에 캐슈크림 겨자소스 재료를 모두 넣고 곱게 간다.
오븐을 200℃로 예열한다.

2 방울양배추를 2등분한 후 볼에 담고 올리브유를 넣어 골고루 섞는다.

3 오븐 팬에 ②를 올리고 오븐에서 30분간 굽는다. 그릇에 구운
방울양배추를 담고 레몬즙, 아몬드 슬라이스를 뿌린다. 소스를 곁들인다.

tip **오븐 대신 팬에서 굽는 법**

두부바 굽기
❶ 달군 팬에 현미유(2작은술)를
두른 후 종이포일을 깔고 위에
현미유(1큰술)를 더 두른다.
❷ 중간 불로 맞춰 밑간한 두부를
양념을 바르지 않고 앞뒤로 4~5분간
노릇하게 굽는다.
❸ 두부에 양념을 발라가며
약한 불에서 6~7분간 굽는다.

방울양배추 굽기
달군 팬에 올리브유에 버무린
방울양배추를 넣고 약한 불에서 15분간
뒤집어가며 노릇하게 굽는다.

보약이 되는 영양밥, 영양죽, 영양장아찌

몸속 기관들마다 특히 더 좋은 식재료가 있다. 우리가 늘 먹는 밥이나 죽 등에 그 재료들을 적절히 섞어
자주 섭취한다면, 나에게 딱 맞는 건강한 한 끼가 된다. 평소 좀 약했던 신체 기관, 또는 가족력이 있어 신경써야 하는
병들이 있다면 특히 더 주목하자.

영양밥

간을 살리는 구기자 영양밥

현대인은 스트레스 때문에 특히 간 기능이 약해지기 쉽다.
평소 변비가 있으면서 눈이 잘 충혈되고 침침하다면?
자주 피로감을 느끼고 어지럼증이 있다면? 분명 간이 지쳐
있는 것이다. 이럴 때는 말린 구기자를 씻어 불린 후 대추, 잣,
은행, 밤 등과 함께 넣고 영양밥을 지어 먹자. 밥 할 때 죽염을
조금 넣으면 더 맛있다. 구기자 끓인 물로 밥을 지어도 좋다.

＊구기자의 효능 서양에서는 '고지베리(goji berry)'로 불리는
수퍼푸드. 몸이 많이 힘들고 피곤할 때 이를 개선시키고
힘줄과 뼈를 튼튼하게 한다. 뛰어난 항암, 항산화 작용으로 인해
노화 방지에도 효과적이다. 혈당 조절이 잘 안되거나 빈혈로
어지럼증을 느낄 때도 좋다. 백혈구 수를 증가시켜 면역력을
높이고, 혈압을 조절하는 작용도 뛰어나다.

＊그밖에 '간'에 좋은 식재료들
시금치, 쑥, 미나리, 셀러리, 토마토, 양배추, 연근, 매실, 레몬

심장에는 대추 목이버섯 영양밥

평소 심장이 두근두근 떨릴 때가 있거나, 자꾸 뭔가를 잊어버리는
건망증이 심하다면? 대추와 목이버섯을 끓여 차로 마시거나
밥 물로 이용하자. 이 재료를 넣고 영양밥을 지어도 좋다.

＊목이버섯의 효능 혈압을 내리게 하고, 출혈이 있을 때
지혈 작용을 한다. 피가 섞인 설사가 밤낮으로 멈추지 않을 때나
마음이 불안해 불면증에 시달릴 때는 물 2컵에 목이버섯 30g을
넣어 끓인 후 목이버섯은 건져 소금과 식초를 섞은 소스에
찍어 먹고, 달인 물은 차로 마시면 효과적이다.

빈혈로 어지럼증을 자주 느낀다면 물 10컵에 목이버섯 30g과 대추 30개를 넣고 푹 끓인 후 자주 마시면 좋다. 단, 변이 무르거나 평소 설사를 하는 사람에게는 맞지 않는다.

* 그밖에 '심장'에 좋은 식재료들
우엉, 죽순, 영지버섯, 팥, 오미자

위가 약하고 체기를 자주 느낀다면 무밥

소화가 잘 안되고 체기를 자주 느낀다면, 무밥이 최고이다. 무는 성질이 다소 서늘하면서 달아 식체로 인해 답답하고 열이 날 때 소화제로 사용할 수 있고, 시원한 성질 덕분에 갈증 해소에도 도움이 된다. 무를 얇게 채 썰어도 되고, 조금 작은 크기로 깍둑 썰기해도 좋다. 냄비에 무를 깔고 그 위에 씻은 현미를 앉힌 다음, 다시 무를 깐 후 무가 잠길 정도의 물을 부어 밥을 짓는다. 무 자체의 수분량을 고려해 평소보다 물양은 조금 적게 잡는 게 좋다. 봄에는 달래 양념장, 가을에는 곶감이나 산초기름을 넣은 양념장을 곁들이면 별미다.

* 무의 효능 섬유질이 풍부해 위장 운동을 촉진시킨다. 식체를 없애주고 주독을 해소하며 어혈을 제거하는 데 효과가 있다. 감기, 유행성 감기, 뇌막염 등의 전염병 예방에도 좋다. 목이 붓거나 코피가 나올 때도 무를 강판에 갈아 생즙으로 마시면 효과적이다. 오래된 기침이나 소화 불량에는 무를 채 썰어 무전을 부쳐 먹으면 좋다.

* 그밖에 '위'에 좋은 식재료들
마늘, 양배추, 당근, 마, 콩나물, 진피(귤껍질), 현미, 율무, 두부

기침과 가래에는
도라지, 마, 연근을 넣은 영양밥

열로 인해 편도선이 붓고 기침과 가래가 심할 때는 폐의 열을 식혀주는 도라지, 마, 연근, 더덕 등을 자주 먹으면 좋다. 이 재료를 넣어 지은 영양밥은 물론 도라지청, 마찜, 연근장아찌, 더덕구이 등으로 먹을 것을 추천한다. 참고로 평소 추위를 많이 타고 감기도 아닌데 자꾸 콧물을 흘리는 냉증 체질은 생강, 마늘, 진피(귤껍질), 파 흰뿌리 등 따뜻한 성질의 식품들을 자주 섭취할 것을 권한다. 차로 우려내 자주 마셔도 효과적이고, 그 물로 밥을 지어도 좋다.

* 그밖에 '폐'에 좋은 식재료들
둥글레, 더덕, 우엉, 배, 오미자, 은행, 찹쌀, 황기

신장염이나 소변 이상에는 죽순밥

신장, 간 기능의 저하로 붓고 복수가 찰 때, 또는 신장염으로 소변 이상이 올 때는 죽순을 먹으면 좋다. 죽순의 껍질을 벗긴 후 얇게 잘라 밥 지을 때 함께 넣는다. 현미와 함께 죽을 끓여 매일 두 번씩 먹으면 갈증이 심한 당뇨에도 개선 효과가 있다.

* 죽순의 효능 심장과 신장은 음양의 관계로, 심장에 열이 올라가면 음양의 균형이 깨져 신장 기능도 떨어지게 된다. 심장의 열은 소장 기능에도 영향을 미쳐 소변 이상도 나타나게 한다. 죽순은 성질이 차서 심장의 열을 식히는 데 좋다. 이렇게 죽순으로 심장의 열을 다스리면 신장과 소장 건강에 좋고, 소변 이상도 개선할 수 있다.

* 그밖에 '신장'에 좋은 식재료들
부추, 호두, 포도, 산수유, 은행, 보리, 좁쌀, 검은콩, 검은깨

편식하는 아이에게는 고구마나 단호박 영양밥

밥을 잘 안먹고 편식도 자주 하는 아이들에게는 고구마밥이나 단호박밥을 해주면 좋다. 노란색 음식은 소화 기능을 도와 밥맛을 돌게 하고, 단맛은 긴장을 이완시키면서 소화기를 튼튼하게 한다. 소화를 잘 못시키는 편이라면 밥보다는 죽으로 끓여주는 것이 좋다.

갱년기 여성에게는 검은콩, 팥, 율무를 넣은 밥

갱년기가 되어 감정 조절이 잘 되지 않고 열이 올랐다 내렸다 하면서 잠을 이루기 어려운 것은 여성호르몬 분비가 불균형해지기 때문이다. 《동의보감》에서는 검은콩과 팥, 율무를 같이 끓여 마시라고 권한다. 검은콩은 신장의 기운을 북돋고, 팥은 심장의 열을 내리며, 율무는 소화를 도와 우리 몸의 기운을 조화롭게 해주는 이치 때문이다. 차로 마실 경우에는 분량의 10~12배 정도의 물을 붓고 끓이면 되는데, 중불로 끓이다가 약불로 줄여 뭉근하게 30분 정도 달이면 구수한 맛이 난다.

소화가 잘 되지 않을 때, 병 후 회복기나 단식 후
첫 끼로 선택되는 죽식은 소화를 돕고,
영양분의 흡수율을 높여주므로 그 자체가 보약이다.
약이 될 만한 재료들을 선택해서 다양한 죽을 즐겨보자.

재료 ——— 2인분

〈기본 현미죽〉 현미밥 1공기(200g),
물 3컵, 소금 약간
〈추가 준비 재료〉
쑥죽 쑥 1줌(약 20g)
더덕죽 더덕 3~4개, 검은깨 약간
연근죽 연근 50g

기본 현미죽 만들기

1 믹서에 밥과 물(1컵)을 넣고
밥알이 반 정도 크기가 되게 간다.

2 냄비에 ①과 물(2컵)을 넣고
센 불에서 끓어오르면
중약 불로 줄여 10분간 저어가며 끓인다.
소금으로 간을 맞춘다.

쑥죽 만들기

1 쑥은 깨끗하게 씻어 잘게 썬다.

2 기본 현미죽에 불을 끄고 쑥을 넣어 섞는다.
* 쑥은 여성의 몸을 따뜻하게 해서 자궁 질환을
낫게 하고 혈액 순환도 좋게 해준다.

더덕죽 만들기

1 더덕은 껍질을 벗겨 잘게 찢는다.

2 기본 현미죽에 잘게 찢은 더덕을 넣어 섞고,
검은깨를 뿌린다. 더덕은 생으로 먹어도 좋다.
* 더덕은 기침을 멈추게 하고 기관지를
건강하게 하는, 환절기에 특히 좋은 식재료이다.

연근죽 만들기

1 연근은 껍질째 강판에 곱게 간다.

2 기본 현미죽에 쌀알이 부드럽게 익으면
간 연근을 넣고 2~3분간 끓인다.
* 연근은 근육을 이완시키고 혈관을 깨끗하게
하며, 기운을 북돋아준다.

영양장아찌

서양식 피클은 다양한 허브류와 당분을 넣어 맛을 내는 반면,
우리나라 장아찌는 재료 본래의 맛과 숙성되는 동안 생기는
미생물 작용에 의해 맛을 내기 때문에 특유의 고소함과
감칠맛이 있다. 그래서 피클보다 맛이 드는데 시간이 더 걸린다.
* 피클 만들기는 54쪽 참고

재료 ──── **연근장아찌** 연근 300g
죽순장아찌 삶은 죽순 200g
(손질해서 삶아 파는 것)
양파장아찌 양파 2~3개, 말린 고추 1~2개
〈장아찌물〉 검은콩(또는 쥐눈이콩) 3큰술,
말린 표고버섯 5개, 말린 구기자 1큰술,
다시마 5×5cm 10장, 양조간장 4큰술, 맛술 3큰술,
식초 2큰술, 조청 3큰술, 물 4컵

장아찌물 준비하기

──── 1 냄비에 물(4컵)을 붓고 검은콩을 넣어
중약 불에서 20분간 끓인다.
검은콩을 건져내고 말린 표고버섯,
말린 구기자, 다시마를 넣어 10분간 더 끓인다.

2 표고버섯과 다시마를 건진 후 양조간장,
맛술, 식초, 조청을 넣어 1~2분간 끓인다.
• 달게 먹고 싶다면 설탕 2큰술을 추가한다.
• 연근과 죽순장아찌에는 한김 식혀서,
양파장아찌에는 뜨거울 때 붓는다.

연근장아찌 & 죽순장아찌 만들기

──── 1 연근 또는 삶은 죽순을 모양대로 썬다.
2 소독한 밀폐용기에 연근 또는 삶은 죽순을
담고 한김 식힌 장아찌물을 붓는다.
• 매콤한 맛을 원하면 고추 1~2개를 썰어 넣는다.
• 상에 올릴 때 장아찌에 참기름을 더해
살짝 무쳐 담고 장아찌 국물을 조금 끼얹는다.

양파장아찌 만들기

──── 1 양파는 껍질을 벗기고 한입 크기로 썬다.
2 소독한 밀폐용기에 양파, 말린 고추를 넣고
뜨거운 장아찌물을 붓는다.
• 장아찌물이 뜨거울 때 부어야 양파가 아삭하다.
• 연근, 죽순, 양파 장아찌는 냉장고에서 2일 정도
숙성시킨 후 먹는다. 조금 오래 두고 먹는다면
1주일 간격으로 장아찌 국물만 따라
다시 한소끔 끓여 장아찌 용기에 붓는다.

tip **장아찌물, 식혀서 부을까? 뜨거울 때 부을까?**

잎채소나 재료가 가늘게 썰어진 경우에는 식혀서 붓고,
수분량이 비교적 많지 않은 재료나 덩어리째 담그는 경우에는
뜨거울 때 붓는 것이 더 아삭하고 맛있다.

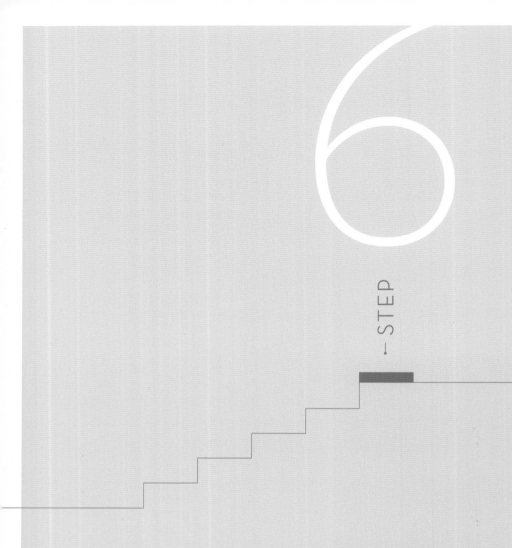

6 — STEP

채식 연습 6단계

건강 위협하는 증상들, 채식으로 다스리기

지금까지 자신만의 속도와 방향으로 채식 라이프를 시도해온 당신에게 박수를 쳐주고 싶다.
마지막 6단계에서는 일상의 식생활을 넘어 건강을 다스리는 채식을 소개한다.
우리는 입버릇처럼 '먹는 것은 건강과 직결된다'고 말한다. 아무리 좋은 약을 먹더라도
평소 몸에 해로운 음식을 먹는다면 약의 효과를 제대로 기대하기 어려울 것이다.
반면 몸에 좋은 음식을 챙겨 먹으면 그 효과는 배가될 것이다.
처음 이 책을 쓰기로 결심했을 때 주요 대상은 40대 이상이었다. 중년의 건강 고민과
해결법이 되는 채식 레시피를 담은 이번 장이 출발선이었던 셈이다. 서른 중후반부터
건강 때문에 더 관심을 가질 만한 유익한 채식 레시피를 이번 단계에 다양하게 소개했으니
하나씩 시도해보길 바란다. 몸도 마음도 건강하고 아름다워진다면 기꺼이 나의 삶,
나의 일상에서 당당히 빛나는 주인공이 될 것이다.

케일 사과 샐러드 레시피 188쪽

뱃살이 쏙 들어가게 하는 저녁 채식

평소 식사량이 과한 편이 아닌데도 뱃살이 나왔다면, 늦은 저녁 식사로 인해 소화를 덜 시킨 상태에서 잠을 자거나 주로 앉아서 생활하는 라이프스타일로 인해 복부 근육이 탄력을 잃어버렸기 때문일 가능성이 높다.

하루 종일 일하고 지친 상태에서 이완을 위해 포만감 있게 저녁 식사를 할 경우 소화기 근육들도 함께 늘어난다. 따라서 저녁 식사 메뉴는 칼로리가 적으면서 소화가 잘 되는 음식으로 바꾸고, 식사 후 가벼운 산책이나 운동을 통해 팽만감을 해소한 다음 가벼운 상태로 잠자리에 든다면 뱃살 고민으로부터 자유로울 수 있다.

말린 도토리묵 불고기 레시피 189쪽

케일 사과 샐러드 ——————

생기 충전을 위해 가볍게 먹을 수 있는 샐러드. 케일은 비타민K가 풍부해 골다공증과 뼈 건강에 좋을 뿐만 아니라 칼슘이 체외로 빠져나가는 것을 막고 체내 흡수율을 높인다. 베타카로틴을 다량 함유해 항산화, 혈관 건강, 면역력 향상에 효과가 있고, 비타민A는 양배추에 비해 100배나 많다. 비타민과 섬유질이 풍부한 사과와 함께 먹으면 더 맛있게 즐길 수 있다.

재료 ———— 1인분

쌈케일 10~12장, 사과 1/2개, 적양파 1/3개(또는 양파), 아몬드 슬라이스 1~2큰술(또는 다른 견과류)

〈레몬 오일드레싱〉 레몬즙 1큰술, 올리브유 1큰술, 소금 1/3작은술, 통후추 간 것 약간

* 너무 담백하게 느껴진다면, 드레싱에 비건 마요네즈(만들기 52쪽) 1큰술을 추가해도 좋다.

만들기 ————

1 볼에 모든 드레싱 재료를 넣고 섞는다.

2 끓는 물(4컵)에 쌈케일을 넣고 10초간 데쳐 건진 후 찬물에 헹군다.
   물기를 짠 후 채 썬다.
   * 너무 익히거나 꼭 짜면 물러지므로 주의한다.

3 사과, 적양파는 얇게 채 썬다.

4 볼에 케일, 사과, 적양파, 드레싱을 넣고 골고루 버무려
   그릇에 담고 아몬드 슬라이스를 뿌린다.

tip **케일을 데치는 이유**

케일은 뻣뻣해서 생으로 먹기가 쉽지 않다. 살짝 데치면 영양소 파괴를 최소화할 수 있고, 식감이 부드러워지면서 부피도 줄어 부담 없이 넉넉하게 먹을 수 있다.

말린 도토리묵 불고기 ──────── 먹고 싶은 것을 못 먹는 다이어트는 이제 그만! 새로운 맛과
요리에 도전하며 또 다른 즐거움을 알게 되는 재미있는 다이어트를 시작하자. 칼로리가 낮으면서 쫄깃한 식감으로
포만감을 높여주는 말린 도토리묵에 알록달록한 채소들을 더해 뱃살 잡는 별미 저녁 메뉴를 만들어보자.

재료 ──────── 1~2인분

말린 도토리묵 1/2컵, 양파 1/5개, 당근 1/5개, 애호박 1/4개, 파프리카 1/4개, 표고버섯 1개, 통깨 약간
〈비건 불고기양념〉 양조간장 2큰술, 레몬즙 1큰술(또는 식초), 매실청 1큰술, 소금 1/2작은술,
다진 파 1작은술, 다진 마늘 1작은술, 생강즙 1작은술, 참기름 1작은술, 통후추 간 것 약간

만들기 ────────
1 냄비에 말린 도토리묵과 물(2컵)을 넣고 중간 불에서 끓어오르면 15~20분간 삶는다.
   *찬물에 헹궈 손으로 만졌을 때 딱딱하지 않고 말캉한 정도가 될 때까지 삶으면 된다.
2 모든 채소는 도토리묵과 비슷한 크기로 길쭉하게 썬다. 볼에 모든 양념 재료를 넣고 섞는다.
3 달군 팬에 ①의 도토리묵, 모든 채소, 양념을 넣고 중간 불에서 5분간 볶는다.
4 약한 불로 줄인 후 뚜껑을 덮어 양념이 배도록 2분간 둔다. 불을 끄고 그릇에 담은 후 통깨를 뿌린다.

생강피클 레시피 54쪽

비건 스시 ———————— 생선 대신 채소를 얹어 만든 비건 스시는 맛과 영양이 훌륭하고 컬러풀한 비주얼로

시각적인 즐거움도 준다. 손이 많이 가서 귀찮게 여겨질 때도 있지만 와사비 간장과 채소의 환상적인 조화에 홀려
자꾸 만들어 먹게 되는 매력이 있다. 홈 파티 음식으로도, 피크닉 도시락에도 딱 어울리는 아이템이다.

재료 ——— 2인분

따뜻한 현미밥 2공기(400g), 구운 김 4장, 파프리카 1/4개, 가지 1/4개, 아보카도 1/2개, 곤약묵 1/5개(50g), 삶은 옥수수알 2큰술(병조림이나 통조림), 새싹채소 1/2줌(약 10g), 비건 마요네즈 1큰술(만들기 52쪽), 소금 약간, 현미유 1작은술

〈밥 양념〉 레몬즙 1큰술, 소금 1작은술, 설탕 1작은술

〈채소 양념〉 양조간장 1큰술, 참기름 1큰술, 다진 마늘 1작은술, 조청 1작은술, 통후추 간 것 약간

〈와사비장〉 양조간장 1큰술, 와사비 1/2작은술

재료 준비하기

——— 1   김을 3cm 폭으로 길쭉하게 자른다. 습기가 차지 않도록 마른행주 또는키친타월 위에 올려둔다.

2   볼에 따뜻한 현미밥과 밥 양념 재료를 넣어 섞는다. 주걱을 세워 밥을 가르듯이 섞으면 골고루 잘 섞인다.

3   파프리카는 3×5cm 크기로 썬다. 가지는 얇게 어슷 썬다.
곤약묵은 3×5cm 크기로 포를 뜨듯 얇게 썬 후 가운데 칼집을 세 줄 넣는다.
아보카도는 손질해서(113쪽 참고) 얇게 슬라이스한다.
*파프리카가 너무 두꺼우면 겉면을 포 뜨듯이 저며 벗긴다.

4   큰 볼에 채소 양념 재료를 모두 넣고 골고루 섞은 후 가지와 곤약을 넣어 살살 버무려 5분간 재운다.

5   옥수수알과 새싹채소는 각각 비건 마요네즈(1/2큰술씩)와 소금(약간)을 넣어 버무린다.

6   달군 팬에 현미유를 두른 후 ③의 가지를 넣고 약한 불에서 1~2분간 뒤집어가며 굽는다.

스시 만들기

——— 7   양념한 밥을 손으로 타원형 모양을 만든다.

8   밥 위에 파프리카, 구운 가지, 아보카도, 양념에 재운 곤약을 각각 얹어 모양을 잡는다.

9   김에 ⑦의 초밥을 올려 돌돌 만 후 세워서 위의 빈 공간에 ⑤의 옥수수알과 새싹채소를 나눠 올린다.
이때 김의 양끝까지 밥을 꽉 채우지 말고 한쪽 끝을 1cm 정도 남긴 후 말아야 공간이 생겨 재료를 채울 수 있다.

10   모든 스시를 그릇에 담고 와사비장을 곁들인다.
*생강피클(만들기 54쪽)과 함께 먹으면 잘 어울린다. 시판 생강초절임이나 익은 김치를 씻어 곁들여도 된다.

혈압, 혈당 이 높거나 가족력이 걱정인 이들을 위한 채식

가족력으로 고혈압이나 고혈당 등 대사성 질환을 지니고 있다면, 밥상에 오르는 식단을 꼼꼼히 살펴봐야 한다. 매일 쓰는 양념이 너무 짜거나 자극적이지 않은지, 단맛이나 매운맛에 치우쳐 있지는 않은지, 첨가물이 많이 들어간 것은 아닌지 살펴보자. 가족의 식습관은 다음 세대로 자연스럽게 이어지기 때문에 내 아이를 위해서라도 지금부터 바른 식생활을 추구해야 한다.

비트수프 레시피 197쪽

콜리플라워 연두부 샐러드 레시피 196쪽

렌틸 토마토수프 레시피 197쪽

콜리플라워 연두부 샐러드

콜리플라워는 혈관 노화를 늦추고 혈액 순환을 원활히 해서 고혈압, 동맥경화, 뇌졸중 등 각종 심혈관계 질환에 좋다. 100g만 섭취해도 비타민C 하루 권장량이 충족되며, 저칼로리이지만 포만감이 커서 다이어트에도 좋다. 부드러운 식감의 연두부와 함께 조리하면 한 끼 식사로 충분하다.

재료 ──── 1인분

콜리플라워(중간크기) 1/4개(70g), 연두부 1팩(125g),
마른 미역 2큰술(4g, 불린 후 30g), 래디쉬 2개, 깻잎 1장, 자몽 1/3개

〈새콤 미소드레싱〉 사과식초 1큰술(또는 감식초나 레몬즙), 매실청 1큰술,
미소된장 1/2큰술, 참기름 1큰술, 다진 마늘 1/2작은술, 생강즙 1작은술

〈토핑〉 쪽파 1줄기, 딜 2줄기(생략 가능), 애플민트 약간(생략 가능)

만들기 ────

1 마른 미역은 찬물에 담가 20분간 불린다.

2 볼에 모든 드레싱 재료를 넣고 섞는다.

3 콜리플라워, 래디쉬는 얇게 모양대로 썬다. 깻잎은 돌돌 말아 채 썬다.
   토핑으로 쓸 쪽파는 송송 썰고 딜과 애플민트를 손으로 작게 뜯는다.

4 자몽은 칼로 양끝을 잘라낸 후 속껍질까지 잘라 벗긴다.
   과육과 껍질 사이에 칼집을 넣어 과육만 발라낸다.
   (97쪽 참고)

5 그릇에 모든 재료를 담고 드레싱을 뿌린 후 토핑을 올린다.

point 혈압, 혈당 잡는 식단 구성 시 주의할 점

1 통곡식을 매 끼니마다 꾸준히 섭취하고, 정제 탄수화물을 멀리한다.

2 오색 컬러푸드를 신선한 상태로 매 끼니마다 충분하게 섭취한다.

3 고지방, 고단백, 고칼로리의 식사를 피하고, 식물성 단백질과 섬유질이 풍부한 식사를 한다.

4 가공식품과 술, 트랜스지방을 생성하는 튀김류, 패스트푸드를 멀리한다.

5 탄산음료 대신 물을 자주 많이 마신다.

6 화학첨가물이 들어있지 않은 천연조미료를 사용하고, 너무 간을 세게 하지 않는다.

7 당분이 들어간 음식을 제한하고, 특히 믹스 커피류를 자제한다.

8 저녁 취침 5시간 전부터는 음식을 먹지 않는다.

9 정해진 식사시간 외에는 가능하면 먹지 않는다.

10 외식을 자주 해야 한다면, 채소가 많이 들어간 비빔밥류나 샐러드류를 선택한다.

비트수프 ——————— 런던에서 비를 피해 들어간 헝가리 레스토랑의 따뜻한 비트수프. 채수로 맛을 낸

담백한 수프가 몸과 마음을 안온하게 해주었다. 그래선지 지금껏 각별하게 기억된다. 비트는 칼로리는 적고 영양은
풍부한 착한 식재료이다. 단백질과 엽산, 섬유질, 폴리페놀 성분이 혈액의 생성과 순환을 돕고 항염 성분도 가득하다.

재료 ——————— 2인분

비트 1개(300g), 감자 1/2개, 양파 1/2개, 다진 마늘 1작은술, 레몬즙 2작은술,
소금 1작은술, 통후추 간 것 약간, 채수 1컵+2컵(만들기 57쪽),
코코넛크림 1큰술(또는 코코넛밀크), 다진 딜 약간

만들기 ——————— 1 비트와 감자는 껍질을 벗긴다. 비트, 감자, 양파는 큼직하게 썬다
2 푸드 프로세서에 비트, 감자, 양파, 채수(1컵)를 넣고 곱게 간다.
3 냄비에 ②, 채수(2컵), 다진 마늘, 레몬즙을 넣고
중간 불에서 끓어오르면 10~13분간 저어가며 끓인다.
소금, 통후추 간 것으로 간한 후 그릇에 담고 코코넛크림과 다진 딜을 뿌린다.

렌틸 토마토수프 ——————— 렌틸콩은 단백질 함량이 많고 엽산과 철분도 다량 들어있다.

렌틸콩의 식이섬유는 포만감을 주어 음식 섭취량을 감소시키고, 지방 분해효소의 생성을 억제해 지방의 흡수를
감소시킨다. 당뇨가 있는 사람에게도 좋다. 렌틸콩과 토마토를 이용해 부드러운 영양 수프를 만들어보자.

재료 ——————— 1인분

렌틸콩 1컵, 토마토(중간크기) 2개, 커리파우더 2작은술(또는 채식 카레가루),
채수 1컵(만들기 57쪽), 소금 1/2작은술, 다진 고수 2줄기분

만들기 ——————— 1 냄비에 렌틸콩, 물(2컵)을 넣고 센 불에서 끓인다.
끓어오르면 약한 불로 줄여 10분간 더 익힌 후 체에 밭쳐 물기를 뺀다.
2 토마토는 큼직하게 썰어 믹서에 넣고 간다.
  *토마토 껍질을 벗긴 후 갈면 맛이 더 깔끔해진다. (173쪽 과정 ③ 참고)
3 냄비에 익힌 렌틸콩, 토마토 간 것, 커리파우더, 채수를 넣고
중간 불에서 끓어오르면 약한 불로 줄여 15~17분간 중간중간 저어가며 끓인다.
먹기 직전 소금으로 간을 맞추고 다진 고수를 뿌린다.
  *렌틸콩이 푹 퍼지도록 끓이는 시간을 늘려 부드럽게 먹어도 맛있다.

매생이 비지전 레시피 200쪽

구기자 찹쌀 영양밥 레시피 201쪽

빈혈, 어지럼증 에 좋은 채식 ——

주변에서 흔히 볼 수 있는 빈혈은 철결핍성
빈혈이나 소화기능 장애로 인해 발생하는
어지럼증을 빈혈로 오해하는 경우이다.
철결핍성 빈혈의 경우, 적혈구 성숙에
중요한 역할을 하는 엽산과 비타민B$_{12}$,
체내 철분의 흡수 속도에 영향을 미치는
비타민C가 상호 작용을 하기 때문에
이 세 가지 영양소 중 하나라도 부족하면
적혈구 발달이 정상적으로 이루어지지 않아
빈혈이 발생할 수 있다.
또한 스트레스와 예민한 성격 때문에
소화기능에 문제가 발생했을 때도
빈혈과 비슷한 증상을 호소하기도 한다.
해결 방법은 영양적으로 균형 잡힌 식사를
소화가 잘 되는 형태로 먹는 것이다. 그중
채식에서 시도하면 좋은 메뉴들을 소개한다.

point 빈혈에 좋은 다양한 식재료

철분이 많은 식재료
해조류, 콩류(말린 완두콩, 강낭콩, 렌틸콩, 병아리콩,
두부), 녹색 채소류(시금치, 브로콜리), 과일류(체리,
건포도, 구기자), 토마토, 귀리, 아몬드, 치아씨드 등에
많이 들어있다.

엽산이 많은 식재료
많이 섭취해도 체내 저장률이 적으니 매일 적당한 양을
꾸준히 먹어야 한다. 또한 조리 시 열에 쉽게 파괴되기
때문에 가급적 신선한 상태로 섭취하는 것이 좋다.
해조류(스피룰리나, 클로렐라), 콩류(완두콩, 렌틸콩,
병아리콩), 녹색 채소류(시금치, 브로콜리),
과일류(사과, 바나나, 키위)에 많이 들어있다.

비타민B$_{12}$가 많은 식재료
아몬드, 시금치, 버섯, 시리얼, 효소 추출물 등에
많이 들어있다.

매생이 비지전 ─────────── 매생이는 체액을 알칼리성으로 회복시켜 염증을 예방한다.

단백질과 비타민A·C를 비롯해 다량의 미네랄을 함유하고 있는 매생이는 특히 철분이 우유의 40배나 들어있고
적혈구와 핵산을 합성하는데 필수적인 엽산과 칼슘도 풍부해 빈혈은 물론 뼈 건강에도 좋다. 식물성 단백질의 보고인
콩비지와 함께 요리하면 맛과 영양면에서 모두 훌륭해진다. 식사로도, 간식으로도 참 좋은 메뉴이다.

재료 ─────── 1인분(8개분)

건조 매생이 3g(또는 생매생이 1/2컵), 현미유 1큰술, 송송 썬 홍고추 1개분(생략 가능)

〈반죽〉 콩비지 1/2컵, 통밀가루 1/2컵, 물 2큰술(반죽 농도에 따라 가감), 소금 1/3작은술
*반죽에 쿠민가루를 섞으면 이국적인 풍미를 즐길 수 있다.

〈매실 고추 초간장〉 양조간장 2큰술, 감식초 1큰술(또는 식초), 다진 청양고추 1/3개분, 다진 마늘 1작은술,
매실청 1작은술(또는 조청), 참기름 1작은술

만들기 ─────── 1 큰 볼에 반죽 재료를 섞고, 작은 볼에 초간장 재료를 섞는다.

2 건조 매생이는 찬물에 두세 번 헹군 후 체에 밭쳐 물기를 꼭 짠다.

3 ①의 반죽이 담긴 볼에 매생이를 넣고 섞는다.

4 달군 팬에 현미유를 두르고 중간 불에서
반죽의 1/8 정도 분량씩 덜어 동그랗게 펼친다.

5 반죽 위에 송송 썬 홍고추를 고명처럼 하나씩 올리고
5분간 앞뒤로 뒤집어가며 노릇하게 익혀 그릇에 담고 초간장을 곁들인다.
*고수, 파슬리 등을 넣은 허브 코코넛소스(78쪽)를 곁들여도 맛있다.

tip 건조 매생이 vs. 생매생이

건강에 좋은 매생이는 겨울이 제철.
다른 계절에는 보관도 편하고
바로 불려 쓸 수 있는 동결 건조
매생이를 활용하면 편하다.
생매생이의 경우 체에 넣어
그대로 찬물에 담가 흔들어서
씻는다. 맑은 물이 나올 때까지
물을 갈아주며 헹구면 된다.

구기자 찹쌀 영양밥 ——————— 간은 우리 몸에서 해독에 관여하는 기관이다. 구기자는 간을

보하는 약재이자 영양이 풍부한 슈퍼푸드로 알려져 있다. 혈액을 생성하고 혈액 순환을 개선해 어지럼증에 효과적이며
시력과 피부에도 좋다. 요즘처럼 바이러스가 두려운 시기에 면역력을 증강시키면서 항균, 항산화, 항노화 작용까지
뛰어난 구기자는 그야말로 명약이다.

재료 ——————— 1인분

현미 찹쌀 1컵(160g, 불린 후 200g), 말린 구기자 1/4컵, 깐 밤 2~3개,
대추 2개, 잣 1/2큰술, 소금 약간, 물 1과 1/4컵, 베이킹소다 1/2작은술(구기자 세척용)

〈들깨 비빔장〉 들깻가루 1큰술, 양조간장 2큰술, 물 1큰술, 다진 파 1작은술, 들기름 1작은술

만들기 ——————— 1 현미 찹쌀은 찬물에 담가 7시간 이상 불린다.

2 물(1컵)에 베이킹소다를 푼 후 말린 구기자를 5분간 담가두어 주름진 부분의 이물질을 제거한다.
   여러 번 깨끗하게 헹군 후 체에 밭쳐 물기를 뺀다.

3 밤은 4등분한다. 대추는 칼집을 넣어 가운데 씨를 빼고 길게 펼친 후 가늘게 채 썬다.
   볼에 모든 비빔장 재료를 넣고 섞는다.

4 바닥이 두꺼운 냄비에 불린 현미, 구기자, 밤, 대추, 소금, 물(1과 1/4컵)을 넣고
   센 불에서 끓어오르면 약한 불로 줄여 뚜껑을 덮고 15~18분간 익힌다.
   *밥 물을 맞출 때에는 불린 쌀의 양과 동량의 물을 넣어주면 된다.
   *전기밥솥으로 할 경우 현미밥 모드로 짓는다.

5 불을 끄고 그대로 10분간 두어 뜸을 들인 후 잣을 넣고 골고루 섞은 후 그릇에 담는다.
   들깨 비빔장을 더해 비벼 먹는다.

두부 스크램블 ——————

보슬보슬하게 볶은 두부 스크램블에 원색의 채소들과 향신료를 넣어
이국적인 풍미를 더했다. 볶는 시간에 따라 더 쫄깃하고 바삭하게 맛을 낼 수 있고, 취향에 따라
촉촉하게 즐길 수도 있다. 샌드위치 속에 넣어 별다른 소스 없이 먹어도 맛있고, 또띠야에 싸서 먹어도 좋다.
곁들이는 채소와 향신료의 종류에 따라 맛의 다양한 변신이 가능하다.

재료 —————— 1인분

두부 부침용 1/2모(150g), 고수 20g, 방울토마토 5개, 마늘 2쪽, 익힌 완두콩 1큰술(병조림이나 통조림),
강황가루 1작은술, 치아씨드 1/2큰술(생략 가능), 소금 약간, 통후추 간 것 약간, 현미유 1큰술

만들기 —————— 1 두부는 으깬 후 면포로 감싸 물기를 꼭 짠다.

2 고수는 씻어서 잎을 떼어 놓는다. 방울토마토는 모양대로 3~4등분한다. 마늘은 슬라이스한다.

3 달군 팬에 현미유를 두르고 마늘 슬라이스를 넣어 중간 불에서 1분간 볶는다.
①의 두부를 넣고 3분간 볶는다. 강황가루를 넣고 약한 불로 줄여 3분간 더 볶는다.

4 방울토마토, 완두콩을 넣고 팬 뚜껑을 덮은 후 2분간 더 익힌다.

5 뚜껑을 열고 불을 끈 다음 고수, 치아씨드, 소금, 통후추 간 것을 넣고 잘 섞는다.

아몬드 애플잼 레시피 206쪽

고구마줄기 아몬드볶음 레시피 206쪽

뼈를 더 탄탄하게
해주는 채식 ————

채식을 하면 뼈가 약해지지 않을까?
채식을 하면서 한 번쯤은 이런 고민을 해본 적이
있을 것이다. 결론부터 말하면 대답은 No!
뼈 건강을 지켜주는 칼슘은 성인 여성의 경우
약 1,000g, 성인 남성의 경우는 약 1,200g을
보유하고 있는데 99%는 뼈와 치아에,
나머지 1%는 혈액과 다른 조직에 있다.
우리는 건강한 뼈를 위해 우유를 많이 마셔야
한다고 교육 받았지만, 소의 젖이 사람에게
흡수되기 위해 필요한 유당 분해효소는
전 세계인 중 75%가 부족하고, 우유 칼슘의
인체 내 흡수율 또한 높지 않은 편이다.
일부 비위생적인 축사에서 발생하는
세균성 질환과 착유 과정에서 생기는 유선염,
인공수정으로 인해 발생하는 호르몬 불균형 등의
문제까지 대두되어 우유 급식을 폐기해야
한다는 논쟁도 분분하다.
반면 서리태와 흑태, 대두, 검은깨, 고구마줄기
등이 함유한 칼슘의 양은 우유보다도 많고
몸에 흡수도 잘 된다. 채식을 하면 뼈 건강까지
효과적으로 챙길 수 있다.

검은깨 고구마경단과 연근차 레시피 207쪽

point **채소의 체내 칼슘 흡수율**

방울양배추 63.8% 〉 겨자잎 57.8% 〉 브로콜리 52.6% 〉
순무잎 51.6% 〉 케일 50% 〉 우유 32%
(자료 출처 : 존 로빈스의 〈음식혁명〉)

아몬드 애플잼

아몬드는 칼슘과 단백질이 풍부해 채식에 부족하기 쉬운 영양소를 보충해주는 중요한 식재료. 섬유질이 풍부한 사과와 계피의 향이 어우러진 달콤하고 부드러운 잼을 만들어보자. 빵이나 스낵에 발라 먹어도 좋고, 팬케이크에 얹어도 맛있다. 생각보다 과정은 단순하고, 맛은 새롭다.

재료 ——— 3~4회분

사과 1개(200g), 아몬드가루 1/2컵, 설탕 2큰술, 조청 2큰술, 계핏가루 1큰술, 레몬즙 1큰술, 물 3큰술+1컵

*아몬드가루는 베이킹용을 쓰면 된다. 없다면 아몬드를 분쇄기에 곱게 갈아 체에 걸러 고운 입자만 사용하고 남은 덩어리는 샐러드나 요거트 토핑으로 쓴다.

만들기 ———
1 사과는 잘 씻어 씨와 꼭지를 제거하고 껍질째 잘게 썬다.

2 냄비에 사과와 물(3큰술)을 넣고 중간 불에서 3분간 볶은 후 푸드 프로세서에 넣어 곱게 간다.

3 냄비에 곱게 간 사과, 설탕, 조청, 계핏가루, 물(1컵)을 넣어 약한 불에서 6분간 저어가며 졸인다.

4 아몬드가루, 레몬즙을 넣어 3분간 저어가며 더 졸인다.

5 불을 끄고 한김 식힌 후 밀폐용기에 담아 보관한다.

*만들어 바로 먹을 수 있고, 냉장고에서 2주간 보관 가능하다.

고구마줄기 아몬드볶음

고구마줄기에는 칼슘이 우유에 비해 무려 15배 이상 많이 들어있다. 또한 칼륨과 섬유질이 풍부해 고혈압 예방과 변비에 좋고 칼로리가 낮아 다이어트 식품으로도 그만이다. 고구마줄기를 다양한 방법으로 조리해 자주 밥상에 올릴 것을 권한다.

재료 ——— 2인분

데친 고구마줄기 1컵(100g), 적양파 1/4개(또는 양파), 마늘 2쪽, 아몬드 슬라이스 2큰술, 올리브유 1큰술, 소금 약간, 통후추 간 것 약간

〈양념〉 검은깨 1큰술, 양조간장 1큰술, 메이플시럽 1큰술(또는 조청), 참기름 1작은술

만들기 ———
1 데친 고구마줄기는 끓는 물(4컵)에서 3~5분간 다시 데쳐 부드럽게 만든다. 체에 밭쳐 물기를 뺀다.

2 적양파는 가늘게 채 썬다. 마늘은 슬라이스한다.

3 달군 팬에 올리브유를 두르고 마늘, 아몬드 슬라이스를 넣고 중약 불에서 2분간 볶는다.

4 데친 고구마줄기와 양념 재료를 넣어 2~3분간 더 볶은 후 불을 끄고 소금, 통후추 간 것으로 간을 맞춘다.

5 적양파를 넣어 잘 섞은 후 그릇에 담는다.

검은깨 고구마경단과 연근차 ──────── 검은깨는 칼슘이 풍부해 뼈를 튼튼하게 하고

'감마토코페롤'이라는 항산화 성분이 들어있어 노화 방지에도 좋은 식품이다. 또한 탈모를 예방하고 눈과 피부도 맑고 건강하게 해준다고 알려져 있다. 한방에서는 신장의 기운을 돕는 음식으로 분류한다. 검은깨에는 탄수화물이 다소 부족해 고구마, 단호박과 함께 조리하면 서로의 영양을 보충해줄 수 있다. 연근차는 염증을 억제하고 빈혈을 개선하며 피부 미용, 노화 방지 및 변비 해소에 두루 좋다. 맛이 구수해 어느 음식과도 잘 어울리니 자주 마시자.

재료 ──────── 1인분

삶은 자색고구마 1/2개분(100g), 삶은 단호박 1/4개분(100g),
검은깨 2큰술, 볶은 콩가루 1큰술, 조청 1작은술(생략 가능),
소금 약간, 말린 연근 2조각
＊ 고구마나 단호박 중 1가지로만 만들어도 된다. 분량은 2가지 합친 양에 맞춘다.

검은깨 고구마경단 만들기

────── **1** 2개의 볼에 각각 삶은 자색고구마와 삶은 단호박을 담는다.
각각의 볼에 검은깨(1큰술씩), 볶은 콩가루(1/2큰술씩), 조청(1/2작은술씩),
소금(약간)을 넣고 포크나 숟가락으로 으깨면서 골고루 섞는다.
＊ 단맛이 싫으면 조청을 빼고 만든다.

2 ①의 반죽을 손으로 동그랗게 경단으로 빚는다.

연근차 만들기

────── **3** 달군 팬에 기름 없이 말린 연근을 넣고 약한 불에서 6~7분간 볶는다.
＊ 연근차 용도로 나온 말린 연근도 팬에서 한 번 구운 후 우리면 더 고소하다.

4 컵에 ③을 넣고 뜨거운 물(1컵)을 부어 5분간 우린다.

5 그릇에 경단을 담고 연근차와 함께 낸다.

tip **자색고구마와 단호박 삶는 법**

김이 오른 찜기에 두 가지 재료를 모두 넣고 삶는다.
단호박이 먼저 익으니 10분 정도 되었을 때 젓가락으로 찔러보아 다 익었으면 단호박부터 꺼낸다.
고구마는 20분 정도 되었을 때 젓가락으로 찔러보아 다 익었으면 꺼낸다.

말린 연근을 다시 한 번 볶는 이유

약성이 따뜻해지고 구수한 맛도 상승하기 때문에 한 번 더 볶아 차로 마시면 좋다.
말린 연근은 대형마트나 온라인 몰(싸리재마을 등)에서 구입 가능하며,
집에서 직접 연근을 얇게 슬라이스해서 식품건조기로 말리거나 채반에 올려 베란다에서 건조해도 된다.

시래기 두부 된장지짐 ─────── 실내에서 생활하는 현대인은 햇빛을 충분히 쬐지 못해

비타민D₃가 결핍되는 경우가 많다. 이는 골다공증과 우울증을 유발한다. 무청 시래기는 비타민A·C·D와 식이섬유가
풍부한 채소로 체내 축적된 노폐물의 배설을 돕고 뼈를 튼튼하게 하며 철분이 많아 빈혈에도 효과적이다.
현미밥과 함께 먹으면 잘 어울린다.

재료 ─────── 1인분

삶은 시래기 200g, 으깬 두부 1과 1/2큰술, 된장 1과 1/2큰술, 들깻가루 2큰술,
다진 마늘 1작은술, 다진 파 1작은술, 물 1/2컵 + 1컵
*으깬 두부와 된장 대신 만들어둔 두부 된장(만들기 55쪽)이 있다면 2~3큰술 정도 넣으면 된다.

만들기 ─────── 1 삶은 시래기를 2~3cm 길이로 썬다.

2 볼에 삶은 시래기, 으깬 두부, 된장, 들깻가루, 다진 마늘을 넣고
조물조물 무친다.

3 냄비에 ②와 물(1/2컵)을 넣고 센 불에서 3분간 볶는다.

4 시래기가 잠길 정도로 물(1컵)을 자박하게 부은 후 약한 불로 줄인다.
시래기가 물을 다 흡수해 부드러워지고 간이 밸 때까지 8~10분간 끓인다.
불을 끄고 다진 파를 넣고 섞는다.
* 부드럽게 먹고 싶다면 뚜껑을 덮고 끓이거나, 물을 조금씩 더하면서
끓이는 시간을 늘려 원하는 식감이 되게 끓이면 된다.

tip **말린 시래기 부드럽게 삶는 법**

말린 시래기는 따뜻한 물에 담가
5시간 정도 불린다. 충분히 헹군 후
냄비에 넣고 쌀뜨물을 넉넉히 부어
끓인다. 끓어오르면 약한 불로 줄여
40~50분간 삶은 후 찬물에 헹군다.
말린 시래기를 이렇게 삶으면 8배
정도 양이 늘어난다.

남모르는 걱정,
가려움증 을 완화시키는 채식 ——————

외부 환경이나 체질, 식생활, 스트레스 등 여러 가지 요인에 의해
피부 가려움증이 생길 수 있다. 만성적인 피부 질환으로 고생하는 경우,
채식 식단으로 바꾸면 대부분 증상이 호전되거나 완치된다.
하지만 채식 식단만으로 반응이 없다면 히스타민을 유발하는 식재료를 고려해보자.
'히스타민(histamine)'이란 외부 자극(스트레스)에 인체가 빠르게 방어하기 위해
분비하는 물질 중 하나인데, 과다하게 분비되면 알레르기와 염증 반응을 일으킬 수 있다.
가려움증이 있다면, 히스타민 반응을 과도하게 유발하는 식품도 피하는 것이 좋다.

사과 셀러리 스무디와 꽃 샐러드 레시피 212쪽

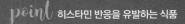 *point* 히스타민 반응을 유발하는 식품

히스타민 반응을 유발하는 식품(1kg)을 먹었을 때 분비되는 히스타민의 양(mg)
소시지 3,572 〉 참치 2927 〉 고등어 2467 〉 돼지고기 2067 〉 꽁치 1391 〉 시금치 1358 〉 녹차 878 〉
껍질깐 오렌지 743 〉 땅콩 638 〉 토마토 557 〉 치즈 533 〉 바나나 495 〉 오렌지주스 462 〉 귤 429 〉 포도 315

히스타민 반응이 낮은 식품
글루텐 프리 곡물류, 사과, 감자, 고구마, 호박, 당근, 오이, 셀러리

민트 고구마 스무디 레시피 212쪽

구기자 배추커리 레시피 213쪽

치커리 두부 샐러드 레시피 213쪽

사과 셀러리 스무디와 꽃 샐러드 ——————— 히스타민 지수가 낮은 사과, 셀러리로

디톡스 스무디를 만들고, 오이를 넣은 상큼한 드레싱의 샐러드도 준비해보자. 요즘 마트에서 쉽게 구할 수 있는
식용꽃을 활용하면 식탁이 한결 화사해진다.

재료 ——————— 1인분

《사과 셀러리 스무디》 사과 1개, 셀러리줄기 20cm, 레몬 1/2개(또는 레몬즙 2큰술)

《꽃 샐러드》 식용꽃 20송이, 어린잎채소 1줌(20g), 아몬드 슬라이스 1큰술

《오이 갈릭 마요드레싱》 오이 1/4개, 레몬즙 1큰술, 비건 마요네즈 1큰술(만들기 52쪽),
다진 마늘 1작은술, 매실청 1작은술, 소금 약간, 통후추 간 것 약간

만들기 ——————— 1 푸드 프로세서에 사과, 셀러리줄기를 넣고 레몬즙을 짜 넣은 후 곱게 갈아 스무디를 만든다.
    * 물기가 없어 잘 갈리지 않는다면 생수를 1/4컵 정도 넣고 간다.

2 푸드 프로세서를 물로 헹군 후 오이 갈릭 마요드레싱 재료를 넣고 곱게 간다.
    * 오이만 강판에 갈아서 드레싱 재료들과 섞어도 된다.

3 그릇에 어린잎채소를 담고 식용꽃, 아몬드 슬라이스를 뿌린 후 드레싱을 곁들인다.
    * 식용꽃을 씻을 때는 볼에 담아 가볍게 헹군 후 면포나 키친타월에 올려 물기를 제거한다.

민트 고구마 스무디 ——————— 한방에서 박하로 불리는 민트는 열을 내리고 청량감을 주는

멘톨 성분을 함유한다. 가려움증이 심할 때는 민트잎에 찬물 10배를 부어 10시간 정도 냉침한 후
그 물로 가려운 부위를 닦고 차로 마시면 효과가 있다. 감기 초기에 미열이 있을 때도 민트차를 마시면 좋다.

재료 ——————— 1인분

익힌 고구마 1/2개분(약 100g), 셀러리줄기 20cm,
애플민트잎 1큰술+1큰술, 레몬즙 1큰술, 생강즙 1/2작은술,
아몬드밀크 1컵(또는 귀리밀크나 무가당 두유)
*단맛을 원한다면 메이플시럽이나 조청을 1작은술 정도 넣는다.
*피부는 열이 나지만 속은 냉한 편이라면 생강즙 1작은술을 추가하면 좋다.

만들기 ——————— 1 익힌 고구마, 셀러리줄기는 푸드 프로세서에 갈기 좋게 썬다.

2 푸드 프로세서에 익힌 고구마, 셀러리줄기, 애플민트잎(1큰술),
레몬즙, 생강즙, 메이플시럽, 아몬드밀크를 넣고 곱게 간다.

3 ②를 유리컵에 담고 남은 애플민트잎(1큰술)을 토핑한다.

구기자 배추커리

한방에서는 가려움증의 원인을 혈액에 독소가 많아 해독 작용을 해야 하는 간에 무리가 되고 열이 쌓여 나타난다고 설명한다. 구기자는 간의 열독을 풀어주면서 맑은 피를 재생시켜주고 항산화 작용으로 피부 건강을 돕는다. 여러 향신료가 배합된 커리파우더는 장을 튼튼하게 하고 소화를 도와 피부 면역력을 높인다.

재료 ——— 1인분

알배기배추 7장(손바닥 크기), 말린 구기자 1큰술, 물 1컵, 코코넛밀크 1/2컵(또는 코코넛크림),
커리파우더(채식 카레가루) 1큰술, 전분 1큰술, 코코넛오일 1작은술, 소금 약간, 통후추 간 것 약간
* 말린 구기자 씻는 법은 201쪽 과정 ② 참고.

만들기 ——— 1 알배기배추를 4×4cm 크기로 썬다.

2 볼에 물, 코코넛밀크, 커리파우더, 전분을 섞는다.

3 달군 냄비에 코코넛오일을 두르고 알배기배추를 넣어
중간 불에서 2~3분간 볶는다.

4 ②와 구기자를 함께 넣고 끓어오르면 약한 불로 줄인 후 뚜껑을 덮고
5분간 더 끓인다. 소금, 통후추 간 것으로 간한다.
* 건더기가 풍부해서 커리만 먹어도 되고, 밥을 곁들여 함께 먹어도 좋다.

치커리 두부 샐러드

가려움증의 원인은 여러 가지가 있는데 대부분 히스타민 반응으로 인해 세포 염증수치가 올라가고, 체열이 상승하는 경우가 많다. 쓴맛은 염증을 다스리면서 몸의 온도를 조절하는 효능이 있으므로 쓴맛이 나는 생채소들을 즐겨 먹으면 이러한 증상을 완화시킬 수 있다. 쓴맛이 나는 대표적인 채소인 치커리를 활용해 산뜻하게 즐길 수 있는 샐러드를 소개한다.

재료 ——— 1인분

두부 부침용 1/3모(100g), 치커리 2~4줄기, 적양파 1/4개(또는 양파), 견과류 1큰술
〈들기름 매실드레싱〉 식초 1큰술(또는 레몬즙), 소금 1작은술, 다진 마늘 1/2작은술,
매실청 1작은술, 들기름 1작은술

만들기 ——— 1 치커리는 씻어서 체에 밭쳐 물기를 없앤다. 적양파는 가늘게 채 썬다.

2 두부는 도마에 올려 칼등으로 눌러 곱게 으깬 후 면포로 감싸 물기를 꼭 짠다.

3 큰 볼에 모든 재료를 넣고 골고루 버무린다.

알아두면 유용한 식재료 궁합표

식재료의 세계에도 어울리는 관계가 있고, 배타적인 관계가 있다. 마치 사람 사이에도 궁합이 있듯이
함께 조리하면 영양과 맛이 상승하는 조합이 있고, 서로의 영양을 파괴하거나 맛을 떨어뜨리는 조합이 있다.
익숙한 재료들을 조리할 때 한 번 더 눈여겨보자.

함께 먹으면 좋아요!

쌀 + 콩
쌀은 리신이 적고 메티오닌 많은 반면,
콩은 리신이 많고 메티오닌이 적어
함께 먹으면 이 두 가지 필수 아미노산을
온전히 섭취할 수 있다.

두부 + 미역
콩의 사포닌 성분을 과다 섭취하면
몸 안의 요오드가 빠져나가는데,
해조류와 함께 먹으면 보충이 된다.

찹쌀 + 대추
찹쌀의 주성분은 녹말이어서
칼슘, 철분, 섬유질이 부족한데
대추의 영양성분이 이를 보충해준다.
대추의 빨간색과 단맛은 시각과 미각을
자극해 식욕도 증진시킨다.

냉면 + 식초
여름의 별미인 냉면에 식초를 더하면
식초의 유기산이 입맛을 돋우고
에너지 대사를 원활히 하여
피로 회복에 효과가 있다.
또한 살균 효과가 있어 여름철에
발생할 수 있는 식중독을 예방한다.

메밀 + 무
메밀의 루틴은 모세혈관을 튼튼하게
하고 변비를 예방하지만, 껍질 부분의
살리실아민과 벤질아민은 유해하다.
무에는 섬유소, 비타민C, 효소가 풍부하며
메밀의 유해 성분을 해독시켜준다.

함께 먹지 마세요!

도토리묵 + 감
둘 다 탄닌을 함유해 변비를
유발하고 심하면 빈혈을 일으킬 수 있다.
적혈구를 만드는 철분과 탄닌이 결합해
소화, 흡수를 방해하기 때문이다.

미역 + 파
두 재료 모두 사람의 소화효소로는 분해되지
않는 알긴산을 가지고 있어
맛도 안 어울리고, 흡수율도 떨어진다.

생오이, 생당근 + 다른 채소
오이와 당근에는 비타민C를 파괴하는
효소인 아스코르비나아제가 들어있어
다른 채소들과 함께 생으로 먹으면
이 재료들의 비타민C를 파괴할 수 있다.
양념에 식초나 레몬즙 등 산을 첨가하거나
가열 조리하면 이를 방지할 수 있다.

시금치 + 근대
시금치와 근대에는 둘 다 옥살산이
함유되어 있어 인체 내에서 수산 석회를
형성하면서 결석을 만들 수 있다. 조리 시
통깨 또는 참기름을 넣으면 이를 방지해준다.

김 + 기름
김의 색소 성분인 카로티노이드는 기름에
의해 흡수율이 높아지지만, 또 다른 색소
성분인 클로로필이 기름, 공기, 빛에 의해
빨리 산화되어 유해한 과산화지질을
생성한다. 구운 후에는 빛을 가리는 밀폐
차광용기에 넣어 보관하고 빨리 먹도록 한다.

나에게 맞는 잡곡 고르기

건강을 위해 다양한 잡곡이 섞인 혼합 잡곡을 선택하는 이들이 많다. 하지만 가짓수가 많다고 좋은 건 아니다. 잡곡마다 성질이 달라 어떤 잡곡은 체질에 맞지 않거나 소화가 잘되지 않아 위에 부담을 줄 수 있기 때문이다. 잡곡의 성질을 이해하고, 체질에 맞게 한두 종류씩 섞어 밥을 짓자. 특히 몸이 찬 사람은 차가운 성질의 잡곡을 매일 먹는 것은 좋지 않다.

차가운 성질의 잡곡

밀
심장의 열을 내리고 변비를 해소하는 데 도움을 준다. 열이 많은 서양인의 주식으로 안성맞춤인 곡식.

메밀
해독작용이 뛰어나 포진이나 피부염에 좋다. 고혈압이나 체증에 좋지만, 소화 기능이 약한 사람에게는 맞지 않는다.

조(좁쌀)
몸의 열을 식히고 해독시키는 작용이 뛰어나다. 당뇨를 한방에서는 심한 갈증, 즉 소갈(消渴)이라고 부르는데 조는 소갈증에 특히 좋다.

녹두
몸의 열을 내리는 작용이 뛰어나 한여름에 더위를 먹거나 갈증이 계속 심할 때 밥이나 죽으로 먹으면 좋다. 다만 해독 작용이 강해 함께 먹는 식재료나 보약의 약성까지 모두 사라지게 할 수 있으니 녹두를 먹을 때는 다른 재료의 효과는 기대하지 않는 것이 좋다. 당뇨와 고혈압에도 좋다.

약간 차가운 성질의 잡곡

보리
약간 서늘한 성질이면서 이뇨 작용이 있어 소변이 잘 통하지 않는 사람에게 좋다. 몸이 냉하거나 대변이 묽은 사람에게는 좋지 않다.

율무
성질은 조금 차지만 위를 상하게 하지 않아 노인이나 어린이에게도 좋다. 비만한 사람들의 다이어트식으로 훌륭하다. 율무와 현미로 밥을 지어 꼭꼭 씹어 먹을수록 살이 빠지는 놀라운 효과가 있다. 이뇨 작용이 있어 잘 붓는 체질이나 관절염 있는 이들에게도 좋다.

팥
약재로도 많이 사용되며, 단맛이 나면서 약간 신맛도 난다. 이뇨 효과가 뛰어나 부종을 치료하고 해독 작용이 있어 염증을 완화시킨다. 단, 팥의 사포닌 성분이 비위를 상하게 할 수 있으니 삶은 후 첫 물은 버리고 다시 끓인 물은 차나 밥 지을 때 사용하면 좋다. 너무 마른 사람이나 변이 무른 사람은 장복하지 않는다.

따뜻하거나 평범한 성질의 잡곡

옥수수
요로결석이나 만성신염, 수종 등의 증상이 있는 사람이라면 옥수수를 끓여 그 물을 차로 마시거나 밥 지을 때 쓰면 좋다. 옥수수 수염차를 끓여 마셔도 좋다. 고지혈증이나 고혈압이 있는 사람에게도 옥수수가 좋다. 단, 아랫배가 냉하거나 설사가 있는 분들, 또는 만성신부전증이 있는 분들은 복용을 주의한다.

수수
성질이 따뜻하여 몸이 차갑거나 소화기가 약한 사람에게 좋다. 어린아이가 밤에 소변을 자주 보거나 자다가 일어나 소변을 보는 습관이 있다면 수수밥을 먹이면 효과가 있다. 단, 당뇨병 환자들에게는 맞지 않는다.

모두에게 무난한 성질의 잡곡

콩
대두, 검은콩, 완두콩, 동부콩 등은 모두 성질이 평범하여 어느 체질이나 무난하게 섭취할 수 있다. 단백질 섭취를 위해 매 끼니 콩이 들어간 음식을 적당량 먹으면 좋다.

내 체질에 맞는 재료 찾기

체질을 절대적인 기준으로 생각하지는 말되, 체질별 특징적인 증상을 기억하면서 음식을 선택하면 좀 더 융통성이
생긴다. 즉, '내가 소음인이니까 소음인에 해당되는 음식만 먹어야지'라고 생각하면 복잡하고 까다롭지만,
'내가 손발이 차고 소화가 잘 안되니까 손발을 따뜻하게 해주는 음식과 소화가 잘 되는 음식을 먹어야겠다'고 생각하면
합리적이라는 뜻이다. 한약사로서 다양한 사람들의 식단을 상담하면서 느낀 것은 너무 강박적인 기준을 적용하면
지속 가능성이 떨어진다는 점이다. 부담없이 편안하게 지속할 수 있는 식단이 나의 식단이다.

나는 어떤 체질일까?

소양인

어깨가 딱 벌어진 반면
엉덩이가 빈약해 앉아 있는
모습이 불안해 보이기도 한다.
성격은 민첩, 명쾌, 발랄.
급하고 화를 잘 내지만
오래가지 않는다.
더운물보다 냉수를 좋아한다.
평소 대변 보는 것이
순조롭다가도 몸이 불편하면
변비 증상부터 나타난다.
비뇨생식기가 약한 편으로
신장염, 방광염, 요도염 등에
잘 걸린다. 상체에 비해 하체가
약해 요통으로 고생하는
경우도 많다.

태양인

가장 수가 적어 구별하기
어려운 체질. 목덜미가 굵고
머리가 좀 큰 편이나,
엉덩이는 작고 다리는
가늘다. 성격은 과단성 있고
창조적이나 때로는 너무
강직해 사람들과 융화를
잘 못한다. 평상시에는
거의 잔병 없이 건강하나
일단 병이 생기면 오랫동안
치료하고 몸을 관리해야 한다.
태양인에게 가장 흔한 질병은
위와 식도의 질환, 허리 등의
질환이며 불안, 초조, 우울
등의 정신적인 증상과 함께
불면증도 나타난다.

소음인

가슴 부위가 빈약해 움츠리고
있는 느낌을 준다. 상체보다
하체가 균형 있게 발달한 편.
성격은 내성적이고 섬세하며
잔재주가 많다. 매사에
소극적이고 우유부단하다는
단점도 있다. 체력이 약해
쉽게 피로감을 느낀다.
소화기계도 약해 만성 소화
불량, 위하수, 위산 과다, 복통
등이 흔히 나타난다. 몸, 손발
등이 찬 이들이 많은데 근본적인
원인은 소화 기능이 만성적으로
떨어졌기 때문이다. 따라서
소화 기능을 회복하고 몸을
따뜻하게 하는 것이 중요하다.

태음인

골격이 굵고 비대한 사람이
많다. 듬직한 체격만큼
마음도 너그럽다.
자기 의사 표현을 잘 하지
않으며, 겁도 좀 많고
살짝 나태한 경향이 있다.
조금만 움직여도 땀을 흘리고
심지어는 겨울철에 따뜻한
음식만 먹어도 땀투성이가
된다. 이렇게 땀을 흘리고 나면
상쾌함을 느낀다.
호흡기와 순환기계가 약한
편으로 심장병, 고혈압,
기관지염, 천식이나 감기 등이
잘 생길 수 있고 피부 질환,
대장 질환도 흔한 편.

식재료	체질			
	소양인	태양인	소음인	태음인
통곡류	밀, 보리, 메밀, 팥, 녹두	보리, 메밀, 팥	현미, 옥수수, 차조, 수수, 기장, 율무	쌀, 수수, 율무
콩류	두부와 두유, 콩은 공통적으로 모든 체질에 괜찮다. 단, 속이 냉한 사람이라면 두유는 데워 마시고 찬 콩국보다는 된장이나 청국장 형태로 섭취하는 것이 좋다.			
견과 & 종실류	검은깨, 들깨, 포도씨유	검은깨, 들깨	현미유	밤, 호두, 땅콩, 잣, 통깨
채소 & 과일류 & 기타	숙주, 오이, 가지, 호박, 배추, 양배추, 셀러리, 상추, 고사리, 아욱, 비트, 우엉, 고들빼기, 씀바귀, 죽순	양파, 피망, 상추, 쑥갓, 달래, 고사리, 배추, 각종 송이버섯	감자, 고구마, 당근, 양파, 고추, 부추, 시금치, 미나리, 쑥갓, 파슬리, 파, 마늘, 생강, 후추, 겨자, 김, 미역, 다시마, 커리	콩나물, 감자, 고구마, 당근, 호박, 무, 토란, 연근, 더덕, 마, 도라지, 두릅, 표고버섯, 마늘, 김, 파래, 다시마

컨디션이 좋지 않을 때 나에게 자주 나타나는 증상은?

컨디션이 나쁠 때 몸에 가장 먼저 나타나는 증상은 각자 조금씩 다르다. 각 증상을 완화해줄 식재료를 소개한다.
이 재료를 차나 음식으로 일주일에서 한 달 정도 먹었을 때 몸의 변화를 살펴보고, 호전 반응이 있다면 꾸준히 먹어도 좋다.
만약 별 반응이 없다면 기간을 조금 더 연장해본다. 부정적인 반응이 나타난다면 식품의 종류를 바꿔보자.

1 눈곱이 끼고, 눈이 충혈되면서 침침해진다.
  → 구기자, 매실, 쑥, 박하, 국화, 민들레

2 콧물이 흐르면서 오한이 든다.
  → 생강, 쑥, 진피(귤껍질)

3 목이 잠기면서 편도가 붓는다.
  → 생강, 도라지, 감자 생즙, 배, 국화

4 구내염이 생기고, 입맛이 없다.
  → 토마토, 가지, 구기자, 코코아, 감잎차

5 변이 묽어지면서 설사가 나온다.
  → 마늘, 마, 검은콩, 강낭콩, 매실, 무화과

6 변이 굳어지면서 화장실 가기가 어렵다.
  → 고구마, 무잎 생즙, 사과즙, 알로에

7 손발이 차고 빈혈 증상이 생긴다.
  → 마늘, 말린 생강, 시래기, 쑥

8 입에서 냄새가 난다.
  → 쑥, 녹차, 파슬리, 매실, 석류

9 체한 것처럼 속이 답답하다.
  → 현미차, 매실, 진피(귤껍질)차, 사과즙

10 마른 기침이 나면서 가래가 많아진다.
  → 연근, 도라지, 파의 흰 뿌리, 생강, 배

메뉴별

INDEX

상황별

나와 가족, 지구의 건강한 지속 가능성을 위한 선택
Meat Free Monday (고기없는월요일) 캠페인

건강 캠페인에서 환경 캠페인으로
2003년 미국의 시드 러너가 블룸버그 고등학교 학생들의 비만율을 줄이기 위해 제안한
건강 캠페인 '고기없는월요일(Meat Free Monday)'이 2009년, 비틀즈 전 멤버였던
영국의 폴 매카트니에 의해 기후 변화를 극복하기 위한 환경 캠페인으로 부활했다.
'고기를 줄이면 지구의 열을 내릴 수 있다(Less Meat, Less Heat)'는 슬로건과 함께
많은 국가로 확산되어 현재 40여 개국이 동참하고 있으며 비욘세, 엠마 톰슨,
마크 러팔로와 같은 유명 인사가 서포터즈로 활동 중이다.

2010년부터 한국도 참여, 채식 급식으로 발전
2010년 '한국고기없는월요일(Meat Free Monday Korea)'이 시작되었고,
2014년부터 서울 시청은 전 직원 1,830명에게 매주 1회 채식 식단을 제공하며 참여
중이다. 이는 1년에 30년산 소나무 7만 그루를 심는 효과와 맞먹는 온실가스 감축 효과를
낸다. 현재 서울시 산하 공공급식소 805곳에서도 주 1회, 또는 월 2회 채식을 제공한다.
또한 풀무원, 샘표 등과 같은 식품회사는 물론 인천 녹색연합, 환경재단, 생명다양성재단,
기후변화행동연구소, 한살림, 두레생협, 여성환경연대 등 기후환경이나 친환경
먹거리 등에 관한 활동을 하는 단체 및 기관들도 참여하고 있다.

건강과 환경을 위한 저탄소 식단, 채식
'저탄소 식단(Low-Carbon Diet)'이란 식품의 생산, 포장, 가공, 운송, 조리 과정과
음식물 쓰레기로부터 배출되는 온실가스를 최소화하는 친환경 식단을 말한다.
이를 실천하기 위해서는 탄소 배출량이 많은 동물성 단백질 식품(육류, 유제품 등)
보다 식물성 단백질 식품(콩, 두부, 견과류 등)이나 다양한 채소와 과일을 선택해야 한다.
또한 유기농으로 생산된 제철 먹거리, 농장에서 식탁까지의 이동거리가 짧은
지역 먹거리를 활용하는 것이 좋다.

물론 바쁘게 생활하는 현대인들이 매일 실천하기란 쉽지 않다. 하지만 일주일에
하루 정도는 가능하지 않을까? 이렇게 한 명 한 명의 참여가 모여 지구는
더 건강해질 것이다. 그리고 우리 자신도 분명 더 건강해질 것이다.

* 참고하세요! 식재료별 온실가스 배출 순위
쇠고기 〉 치즈 〉 돼지고기 〉 닭고기, 오리고기 〉 달걀 〉 우유 〉 쌀 〉 콩류 〉 당근 〉 감자 (자료 출처 : 한국고기없는월요일)

www.meatfreemonday.co.kr

메뉴를 개발하고 소장가치 높은 요리책을 만듭니다 레시피팩토리

계절의 맛을 충실히 담은 책

싱그러운 계절의 맛
**〈제철 재료를 가득 담은
사계절 베이킹〉**

실패 걱정 없는
홈메이드 저장식
〈병 속에 담긴 사계절〉

가족이 함께 하면 더 좋은
주말 도시 농장 이야기
〈작은 텃밭 소박한 식탁〉

건강한 식생활을 위한 책

아침부터 저녁까지,
온가족을 위한 건강하고 맛있는 오트밀 요리
〈오! 이렇게 다양한 오트밀 요리〉

더 맛있게! 더 간편하게!
**〈에어프라이어로 시작하는
건강 다이어트 요리〉**

도시락 하나로 60만 팔로워와 소통하는
**〈아침 20분, 예쁜 다이어트 도시락
콩콩도시락〉**

맛있게 먹고, 요요 없이 뱃살을 빼는
건강 다이어트 요리 103가지 수록
〈뱃살 잡는 다이어트 요리책〉

실천하기 쉬워
평생 지속 가능한
〈대사증후군 잡는 2·1·1 식단〉

헬시에이징 식재료 & 건강 레시피
**〈헬시에이징 식사법
노화 잡는 건강한 편식〉**

홈페이지 www.recipefactory.co.kr **애독자 카페** cafe.naver.com/superecipe **카카오스토리 · 페이스북** 레시피팩토리everyday
인스타그램 @recipefactory **네이버포스트** 레시피팩토리 **네이버TV · 유튜브** 레시피팩토리TV

구입 및 문의 1544-7051, 온 · 오프라인 서점

채소를 보다 다양하게 즐기게 해주는 책

120가지 샐러드 & 100가지 드레싱
**〈샐러드가 필요한 모든 순간
나만의 드레싱이 빛나는 순간〉 개정판**

몸과 마음이 편안해지는
**〈채식이 맛있어지는
우리집 사찰음식〉**

제철 재료로 만든
로푸드 스무디 100가지
〈한 잔이면 충분해! 로푸드 스무디〉

간단하지만 맛있게, 든든하게 즐기는 한 그릇

기본 국수부터 맛집 국수까지,
탐나는 국수 레시피 65가지
〈오늘부터 우리 집은 국수 맛집〉

따뜻한 밥 위에
작은 정성을 올려 만든
〈소박한 덮밥〉

어렵게 느껴지는 이탈리아 파스타가 아닌
집에서 즐길 수 있는
〈소박한 파스타〉

요리를 시작하는 모든 이들을 위한 책

친정엄마 밥상에서 막 독립한
요리 왕초보들을 위한 책
〈진짜 기본 요리책〉 완전 개정판

베이킹이 처음이라면?
진짜 쉽~고, 맛있고, 자세한 기본 레시피
〈진짜 기본 베이킹책〉

여행지, 맛집, TV에서 만나 본
다른 나라 요리를 이제 집에서!
〈진짜 기본 세계 요리책〉

채 식 연 습

천 천 히 즐 기 면 서 채 식 과 친 해 지 기

1판 1쇄 펴낸 날	2020년 8월 11일
1판 2쇄 펴낸 날	2020년 11월 2일

편집장	이소민
진행 · 편집	이새미(어시스턴트 이승신)
디자인	원유경
사진	박동민(어시스턴트 김진서)
스타일링	김주연(u r today, 어시스턴트 송은아 · 정소희)
테스트쿡	정민 · 석슬기
요리 어시스턴트	이은자 · 홍보선 · 김정아
일러스트	조라
영업 · 마케팅	김은하 · 고서진

고문	조준일
펴낸이	박성주

펴낸곳	(주)레시피팩토리
주소	서울특별시 송파구 올림픽로212 갤러리아팰리스 A동 1224호
독자센터	1544-7051
팩스	02-534-7019
홈페이지	www.recipefactory.co.kr
애독자 카페	cafe.naver.com/superecipe
출판신고	2009년 1월 28일 제25100-2009-000038호

제작 · 인쇄	(주)대한프린테크

값 16,800원

ISBN 979-11-85473-61-1

소품 협찬 / 더피커(thepicker.net), 오덴세(www.odenseofficial.com)
식재료 협찬 / 한살림(www.hansalim.or.kr)